科学のとびら56

動物たちの世界

六億年の進化をたどる

P. ホランド 著
西 鶯 秀 俊 訳

東京化学同人

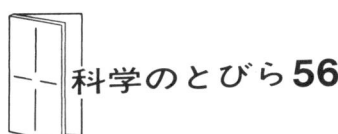

まえがき

動物の多様性には目を見張るものがある。私が生物学の虜になったのは、子供のころ、近所の森や川辺で昆虫採集をし、その形や構造、色彩を調べたことに始まる。大学生となって動物学を学び、さらに動物の多様性、特に海産動物の膨大な多様性を知るようになった。同時に、動物の多様性を本当に理解するには、遺伝子やＤＮＡの研究が必須だと認識するようになった。その認識に至ったのは、動物のすばらしい形や構造を指令しているのは遺伝子であり、ＤＮＡは動物間の関係を記録した歴史書と思えたからだ。

私はこれまでの二十五年間、動物の多様性とＤＮＡの解析の二つの研究分野を一体化させることを心掛けて研究を続けてきた。こうした研究をするのに、私は一人ではなかった。多くの親しい日本の友人、共同研究者をはじめ、世界中からともに研究する仲間に恵まれた。研究のおかげで、私は、ヨーロッパから日本、そして北米から中国やインド、また南米の熱帯雨林、砂漠にまで出かけることになった。

私は、動物たちの多様性に圧倒されながらも、彼らのＤＮＡに隠された秘密をなんとか解き明かそうと努めてきた。それは、どきどきわくわく、まさに心躍る生物学の時間だ。生物の進化に対する理解は、最近めざましく進んで、毎年のように重要な新発見がある。たとえば、動物の系統樹、そのなかでどの動物がどれと関連しているのかについての知識は、大きく変わった。また、私たちの体や動物の体を構築する遺伝子について、驚くほど理解が深まった。私は本書で、こうした興奮を捉え、驚嘆に値する動物の多様性、そして研究が、動物の進化についての理解を、どれほど変えつつあるのかを伝えるように努めた。私が心を躍らせたように、本書を手にされるあなたにも、動物の世界のすばらしさを感じていただけることを願っている。

二〇一四年七月

ピーター・ホランド

謝　辞

本書の構成や内容は、オックスフォード大学とレディング大学の過去および現在の学生諸君に負うところが大きい。要求レベルが高く、批判精神にみちた学生諸君に対して、動物の多様性について講義をするおかげで、講義内容についてより深く慎重に考えるようになった。また学生諸君の反応は、内容の重要点を明確にするのに役立った。そして、オックスフォード大学マートンカレッジ、オックスフォード大学動物学教室のメンバー、特にサイモン・エリスとペニー・シェンクからサポートを得た。さらに、マックス・テルフォード、クラウス・ニールセン、ビル・マクギニス、ステュー・ウェスト、テレサ・バート・デ・ペレラ、トビアス・ユラー、サリー・レイズ、ペア・アールベルクにはさまざまな事項についての助言を、タチアナ・ソロヴィエヴァには図を描いてもらった。深く感謝する。

訳者のことば

本書の原著は、ピーター・ホランド著『The Animal Kingdom』という。オックスフォード大学出版局が、人文社会理工農医のさまざまな分野の研究テーマについて、それぞれ新書判大約百頁の本にまとめた「Very Short Introductions」シリーズの一冊として、二〇一一年十一月に出版された。『The Animal Kingdom』は、そのまま訳すと、生命の大分類の一つ「動物界」である。本書では、動物の特徴とは何か、動物はどのような生命体に由来するのか、そこからいかに多種多様な動物が生まれて現存するのか、動物界の構成が、最新の知見に基づいてわかりやすく述べられている。

従来、動物の系統・分類は、主として形態に基づいてなされてきた。ところが、二〇世紀も十五年ほどを残すころ、生物が共通にもつDNA、その中にある遺伝子の情報（配列の種間類似性）が、生物の系統分類に使われるようになった。最初のころは、リボソームRNA遺伝子等の限られた配列情報が用いられていたが、やがて全ゲノムの解読が多数の生物について行われるようになり、多数の遺伝子の配列情報を利用して、より信頼性の高い系統関係を示す図（系統樹）が描けるようになった。その結果、従来の系統関係が大きく変わった。そこには、従来の形態による研究からは考えられなかったことも含まれている。系統樹を描く意義とは何なのか、動物の膨大な多様性を理解するうえで系統樹がなぜ大切なのかが、やさしく解説されている。

著者のホランド博士は、進化発生生物学の分野で世界的によく知られた研究者で、訳者とは研究分野が近く、二十年来の知り合いである。訳者が本書を知ったのは、出版から半年くらいたったころ、ホランド博士からのメールの末尾に「最近本を出した」とあったことだ。その本を手にしてみると、動物の進化、系統、多様性が簡潔にまとめられ、最新の研究成果がコンパクトに織り込まれている。ところどころには、イギリス人らしいユーモアに富んだ短いエピソードが入れてあり、読物としてもおもしろい本だと思った。ぜひ日本語でも読めるようにしたいと思い、ホランド博士にその旨を伝えると、すぐに快諾の返事をいただいた。訳を進めていくと、本当にホランド博士が心躍らせて書いているのを実感した。特にホメオボックス遺伝子が出てくる第五章のあたりは、ホランド博士が直接かかわったところでもあり、当時の興奮が伝わってくる。

日本語版の出版にあたっては、ホランド博士に原著にはなかった序文を寄せていただいた。それを一読いただければ、彼のクールだが学問に対して熱い人柄と本書の狙いがおわかりいただけると思う。本書で、訳者も堪能した『動物たちの世界』を愉しんでいただきたいと心から願っている。

本書の出版にあたっては、東京化学同人編集部の橋本純子さん、そして篠田 薫さんに大変にお世話になった。心より感謝する。

二〇一四年七月

西 駕 秀 俊

目次

第一章　動物とは何か

私は、まさに近代の少将、そのものだ。
私には、植物、動物、そして鉱物の知識がある。
ギルバートとサリバン
『ペンザンスの海賊』一八七九年

動物の特徴

ふだんの生活のなかで、どれが動物であるか、ないかを判断するのはやさしい。イヌ、ネコ、鳥、カタツムリやチョウに出会ったなら、すぐにそのどれもが動物だとわかる。そう、人だって動物だ。一方、草や木、花やキノコは、生物だが動物ではないと疑う余地なく認識できる。動物を認識する（定義する）問題が生じるのは、私たちがある種の変わった生物、多くの場合、顕微鏡レベルの小さな生物に出会って、「何だろう」と考える、そんなときだ。したがって、動物であるか否かを判断する基準、あるいは「動物とは何か」という問いに答えられる正確な基準を探してみることは無駄ではない。

すべての動物に共通する特徴は何だろう。その一つは「多細胞である」ということだ。動物の体は、それぞれが役割をもった多数の細胞からできている。この基準に照らせば、たとえば、アメーバのような単細胞生物は、一世紀前の見方とは違って、動物とは認められない。事実、多くの生物学者は、現在ではアメーバなどの生物に対して、原生動物（protozoa）という用語を使わないように注意している。というのは、定義上、ある生物が原生（proto、本来の意は「最初の」、ここでは「単細胞」）で同時に動物（zoa）ではありえないからだ。

多数の細胞からできた体をもっていることは動物の必要条件だが、それだけでは十分ではない。その条件なら、植物、菌類、そしてある種の粘菌もみたしているが、いずれも動物ではない。動物の二つ目の特徴は、他の生物（生きていても死んでいてもかまわない）あるいはその一部を食べることによって、生きるのに必要なエネルギーを得ていることだ。この点は緑色植物と対照的だ。緑色植物は、葉緑体の中で起こる化学反応、光合成により、太陽のエネルギーを利用している。植物のなかには食べることによって光合成を補完するもの（たとえば、ハエジゴク）、動物には緑藻類を体内に共生させているもの（たとえば、サンゴ、ミドリヒドラ）もいるが、動物・植物の本質的な区別を不明確にするものではない。

動物の特徴として、しばしば移動能力と環境知覚能力があげられる。しかし、これらは動物にきわめてよく当てはまるが、植物でも動く部分をもつものもあるし、細胞性粘菌（動物ではない）はナメクジのような構造体をつくってゆっくりと移動するものもあることを考えると、動物の基準としては不十分だ。

細胞はどうだろう。全く大きさが異なった精子と卵をつくることも、動物でみられる特徴だ。このことは動物の行動の進化に深く関係しているが、どの動物でもみられるわけではない。おそらく最も確かな動物の構造的特徴は、成体の動物の細胞の中にあるはずだ。動物には多数の異なった種類の細胞がみられる。そのなかで、すべての動物の生物学的特質、動物の進化に影響を及ぼしてきた細胞がある。それは上皮細胞だ。上皮細胞は、レンガ状あるいは柱状の形をしている。植物細胞のように硬い細胞壁はない。上皮細胞は、特別なタンパク質が隣り合う細胞をつなぎとめて、しなやかなシートをつくっている。また別の特別なタンパク質が細胞間の隙間を埋めて、上皮は水を通さない層となっている。細胞のシートは植物にもみられるが、その構造は動物のものとは異なって、しなやかではなく、水もよく通す。

動物の上皮細胞シートは、機能と構造の面からみて、すぐれものだ。上皮細胞シートの外側でも内側でも、その脂質の化学組成は変わりうる。そのおかげで動物は、液で満たされた腔所を体内につくることができる。その腔所は体の支持、あるいは老廃物の貯蔵など、多様な目的に利用される。液で満たされた腔所は、最初期の動物の骨組み構造の一つだ。そして、エネルギー効率のよい運動能力とともに、進化の過程で動物の体が大きくなることができた要因なのだ。

さらに、上皮細胞シートは、コラーゲンのようなタンパク質の厚い層に裏打ちされて強靱だが柔軟でもある。したがって、細かい折り曲げ運動が可能だ。このことは、特に動物の胚発生の過程で重要になる。この過程では、小さな折り紙を折るように、折り曲げ運動で動物の体ができていく。事実、動物の発生の最初期の様子は、紙を使って簡単に真似ることができる。細部は動物種によって異なるが、典型的な動物発生の過程には、上皮細胞からなるボールとなる段階（胞胚期）がある。上皮細胞自身は、一個の細胞である受精卵から、一連の細胞分裂によってできる。多くの動物種では、上皮細胞のボールは、胚の中のある一点、あるいは溝から、細胞が動いて内側に折り込まれる。このことによって将来消化管となる管ができる。これは原腸形成というきわめて重要な発生段階だ。へこんだボールは原腸胚だ。折りたたみはさらに起こって液で満たされた支持構造や筋肉となるブロックができる場合もある。そして、私たちのような脊椎動物では脊髄や脳までできる。端的にいってしまえば、細胞シートが動物を構築するのだ。

こうした特徴・特質はすべて、私たちが動物を認識する場合の基準であり、動物の基本的な生物学的特質についての理解につながるが、最も正確な動物の定義とはなっていない。生物を分類する分類学では、進化の系統樹上の枝に、それが大きかろうと小さかろうと名前をつける。規則の本質は次のようだ。

真の、あるいは理にかなった「自然な」分類は、進化の起源を同じくする全生物種を網羅しているはずだ。「動物」という用語は関連する種のひとまとまりを指し示していなければならない。もしある生物が動物のような性質をもっていたとしても、それが進化の系統樹のどこか他の場所に由来するのであれば、それは動物ではない。もしある生物が、その祖先にはあった動物の特徴のいくつかを失っているような場合、その生物種については、動物という用語を適用してよいだろう。たとえば、進化の過程で明確な卵と精子を失った種、あるいは別な種で、生活環のある時期に多細胞ではなくなったりする場合があっても、これらの種は、その祖先を他の動物種と共有する故に動物なのだ。したがって、動物は「祖先を共有し、そこから派生した集団」ということになる。この集団を「動物界」あるいは「後生動物」という。

動物の起源

はるか昔に絶えたすべての動物の祖先は、何から進化したのだろうか。これは解決困難な問題にみえる。というのも、問題の祖先はおそらく六億年前には絶滅しており、まちがいなく顕微鏡レベルの大きさで、化石もないからだ。ところが驚くべきことに、その答は相当な確かさでわかっている。さらに、その答は一世紀以上も前に示されていたのだ。

一八六六年に、米国の顕微鏡学者、哲学者、そして生物学者であったヘンリー・ジェイムス・クラークは、カイメン（正真正銘動物だ）の襟細胞（摂食細胞）が、当時、一般にはほとんど知られることのなかった一群の水生単細胞生物ときわめてよく似ていることを記録している。その生物は現在、襟鞭毛虫（襟をもった鞭毛虫）とよばれているものだ。襟鞭毛虫は、DNAの配列比較から、動物界と最も近縁な生物だということが明らかにされている。

襟鞭毛虫とカイメンの襟細胞には、どちらも細胞の一端に極細の触手が環状に並んだ「襟」があって、ちょうどバドミントンのシャトルを小さくしたような形になっている。さらに、襟の中央から一本の長い鞭毛（鞭のように動ける構造）が出ている。襟鞭毛虫では、鞭毛が動く、あるいは

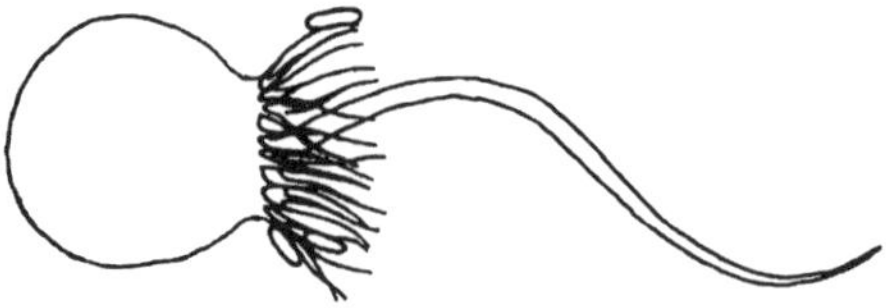

細菌を食べる襟鞭毛虫の一種

打つことによって水流を起こし、食物粒子を細胞に向かって運び、襟で捕捉している。カイメンの襟細胞は、違う方式ではあるが、やはり鞭毛を使って水流を起こしている。したがって、全動物の最も新しい祖先は、おそらく顕微鏡レベルの大きさで、鞭毛を備えた細胞が球状に集まってできたものだろう。すべての動物（動物界）の起源には、単細胞の生命体から、小さな球状に細胞が集まった生命体への移行が起こる一連の変化の過程があったのだ。

先に述べたように、動物は地球上で唯一の多細胞生物ではない。植物、菌類、粘菌は、多細胞で構築されている生命体の一例だが、これらのグループは同じ祖先から生じたのではない。それぞれ異なった単細胞生物から進化した。植物は、動物あるいは襟鞭毛虫とは近縁ではない。それらは全く異なった生命の系統樹のなかから進化している。キノコ、醸造酵母、水虫のような菌類は、植物とは近縁ではない。繰返すが、それらは全く別の祖先単細胞生物から進化したのだ。おそらく驚くべきことだと思うが、菌類とその祖先は、生命の系統樹のなかで動物と襟鞭毛虫と同じ部分、オピストコンタとよばれるグループに属するのだ。オピストコンタのなかでは多細胞への進化が二回起こった。その一つで動物ができ、もう一つで菌類が生じた。私たちが、植物よりもっとキノコに近縁である、というのは考えさせられることだ。

いったいなぜ、多細胞生物が進化したのだろうか。地球上の生物の圧倒的多数は、つまるところ細菌、アーキア（古細菌）、そしてきわめて多様な単細胞の真核生物（襟鞭毛虫やアメーバのようないわゆる原生生物）などであり、たった一個の細胞しかもっていない。多数の細胞をもつことによって、生物は大きくなれた。このことは転じて、他の細胞による捕食から逃れることになった、また単細胞生物が到達しえなかった環境で生息できることにつながったのだろう。これらのことは正しいのかもしれないが、多細胞性が進化した本質的な理由だとは思えない。動物の祖先など、最初期の多細胞生物は、おそらくほんの顕微鏡レベルの大きさで、細胞が球状に集まったようなもので、生息場所も生活様式も、襟鞭毛虫のような単細胞生物と変わるところがなかっただろう。動物の起源は未解決の問題だが、いくつかの興味深い考え方が発表されている。リン・マーギュリスは、多細胞であることは役割を分担できることになるという賢い見方を提唱した。多細胞生物なら、ある細胞は分裂して成長することができ、別の細胞は摂餌《せつじ》を続けることが可能だ。しかし、単細胞生物は、分裂と摂餌を同時にすることはできないのだろうか。彼女の考え方はこうだ。襟鞭毛虫のように鞭毛をもった単細胞では、細胞の主要な装置（微小管形成中心として知られる）は、細胞分裂時の染色体の移動か、摂餌するときの鞭毛打のどちらかに使われ、同時に使われることは不可能だというのだ。

もう一つ別の想像豊かな考え方では、少しぞっとするような主張が含まれている。ミカエル・ケルツベルクとルイス・ウォルパートによって提唱された考え方で、その要点は、自食が多細胞性を進化させた要因だというものだ。襟鞭毛虫、あるいはその近縁の単細胞生物の集団を考えてみよう。そしてその集団には、細胞分裂後に娘細胞が完全に分離しない突然変異体が数個含まれているとする。これらの突然変異体は、細胞の塊あるいはコロニーをつくるだろう。これらの単細胞集団と突然変異体は、どちらも周囲の環境から細菌を濾しとって餌にしている。餌が豊富にあるときには、単細胞生物集団とその兄弟のコロニーをつくる集団のどちらも、餌をとることができて子孫を残すことができるだろう。しかし、環境の変化などで餌が少なくなったときには、多くの生物が基本的な細胞の代謝を維持するのに必要な栄養をとれなくなって死ぬだろう。しかし、コロニーをつくる集団には、そうした困難にすぐさま対処できる機構がある。それは「細胞が隣の細胞を食う」ことだ。このことは、集団が同じ栄養物（餌）をとっている場合にはありうる。もっと劇的な言い方をすれば、ある細胞は隣の細胞のために壊れて食物になる。そのおかげで、コロニーの中のほんの少数の細胞が生き残る。結果的に、餌が乏しいときには、コロニーをつくる突然変異体は有利になっただろう。自己を食うというのは冷酷に聞こえるかもしれないが、それは扁形動物からヒトまで、いくつかの動物で実際にみられる飢餓時の生存戦略なのだ。

動物界全体はこうした太古の細胞コロニーに由来する。六億年、いやおそらくもっと前に、これらの細胞コロニーは進化を通じて多様になり、放散し、今日の地球上の何百万の多様な動物が生まれた。動物は海で生じたが、以来、淡水、陸、空へと進出していった。なかには、吸虫や条虫のように、他の動物の体内に侵入したものもいる。また、多くはないが、イルカのように再び海へと戻った動物もいる。体の大きさについても、きわめて大きな多様性をもつようになった。寄生性の粘液胞子虫や二胚虫などは、体を縮小、単純化して小さな細胞のコロニーとほとんど変わらないまでになっている。その一方で、巨大なクジラなどは一〇〇トン超の体を優雅に操って大海原で泳いでいる。この膨大な多様性を理解するには、動物界の基本的な単位である動物門に焦点を合わせる必要があるだろう。

第二章　動物門

分類は、自然界の秩序の基礎に関する学説である。決して、単に混乱を回避するために集められた無味乾燥なカタログなどではない。
スティーヴン・J・グールド
『ワンダフル・ライフ』一九八九年

パターンと分枝

何世紀にもわたって、博物学者と哲学者は、地球上の生命の多様性を理解するために苦闘を続けてきた。最も古くからあって広範に普及している考え方の一つは「自然の階段（はしご）」だ。そこでは、生物は（ときには非生物も）一つの階段に配置されるというものであった。階段のそれぞれの踏み段は、上へ向かって、解剖学的な複雑さ、宗教上の意義、有用性が入り交じった指標に従った「進歩」を反映するものだった。この考え方は、起源としてはプラトンやアリストテレスまで遡るが、一八世紀に、スイスの博物学者シャルル・ボネによって明確な形にまとめられた。ボネの考え方によれば、自然の階段は、地球と金属類から始まって岩石と塩類に至り、次に、菌類、植物、イソギンチャク、ムシ（蠕虫《ぜんちゅう》）、昆虫、軟体動物、爬虫類、水ヘビ、魚、鳥、そして最後に哺乳類が、一段一段、順に並んでいる。その頂点、ないし頂点に近い場所で、天使と大天使のすぐ下に、人間が気持ちよさげに座っているのだった。今日では、そのような考え方を笑うのは簡単だが、ボネは自然界についてなかなかの知識をもっていた。たとえば、アブラムシが無性生殖をすること、チョウやその幼虫の呼吸の仕方を発見したのはボネだ。「自然の階段」の考え方は、さらにずっと後の著作にまで浸透している。その後の多くの科学者が、高等な、または下等な動物と論じている。この言い方には、その古くて捨て去られた考え方と妙に似たところがある。

「自然の階段」はしだいに廃れていったのだが、それは敬愛すべきフランスの解剖学者、古生物学者にして、ナポレオンの助言者でもあったキュビエ男爵によるところが大きい。キュビエは、詳細な動物の解剖学研究から、動物の体のつくりは基本的に四つしかないという結論に達した。その四つは、表面的な違いではなく、神経系、脳、血管の構造と機能に深く根ざしたものだった。

一八一二年に、キュビエは動物界を四つの枝（「分岐」）に分けた。Radiata（クラゲのような円形の動物。現在の生物学者には驚きだが、ヒトデも含まれていた）、Articulata（昆虫やミミズのように、体が節に分かれている動物）、Mollusca（殻と脳をもった動物）、Vertebrata（硬い骨格、筋肉性の心臓、赤い血液をもつ動物）の四つの枝だ。しかし、これらの枝をつなぐような考え方は提唱されなかった。したがって、それらはヒエラルキーではなく同等で並立するとされた。

キュビエは、同時代のラマルクとは異なって、進化の信奉者ではなかった。しかし、逆説的だが、キュビエの四つの動物の分岐が同等に並立しうる論理的根拠は進化なのだ。後に、チャールズ・ダーウィンとアルフレッド・ラッセル・ウォレスの二人が指摘しているように、なぜどの動物も他の動物と類似点をもっているのか、なぜ共通した特徴をもった動物群が見いだされるのかは、進化で説明される。進化をおなじみの樹（ウォレスの詩的表現なら「ごつごつしたオークの大樹」）に例えるなら、次のように描けるだろう。近縁な種からなる小さな「小枝」は、より大きい「枝」の中にある。それは、さらに離れた動物種が含まれるもっと大きい枝の中にある。すべての動物が祖先を共有しながら。そうすると、樹の大小の枝に意味をもたせて名前をつけることが可能になる。動物界のなかの大きな枝が動物門だ。

樹に対比すると動物の分類の最重要点がみえてくる。命名は進化によってできた自然の関係を反映するものでなければならない。動物群の命名は、動物でないもの、たとえば、ティーポット、切手、コースターのような動物でないものの分類とは全く別物だ。動物でないものの分類は、たとえば、色、大きさ、生産国、その他諸々の性状の違いに基づいていくらでも可能だ。仮に生物をそのように分類するなら、決定的に重要な点を失うことになる。進化に基づく分類体系は自然の秩序を反映する。それは、動物の関係性を論述することであり、進化の歴史を提唱する一つの仮説なのだ。

生命のリスト

動物門はいくつあるだろうか。別の言い方をするなら、動物の進化の樹に大きな枝はいくつあるのだろうか。というとすぐに、動物門というには、枝はどれくらい大きければ（あるいは小さくても）いいのか、という質問が出るだろう。これは論議をよぶ問題だが、ともあれ同じ門に属する動物は、他の動物門とは異なる解剖学的特徴や構造上の違いを共有していなければならない。ジェームス・ヴァレンティンの言い方を借りるなら、「動物門は、形態学に基づいた生命の樹の枝」だ。一つの動物門は、異なった枝からの動物をひとまとめにするのに使われることは決してないし、ある門が別の門に属することもありえない。これらの規則は、動物界全般に、そして私たちがよく知っている動物については非常によく当てはまる。それでも、よくわかっていない種を分類するのに必要な動物門の数については、未だに論議や不整合がある。一つ確かなことは、キュビエの四つの分岐は、あまりにも単純すぎるということだ。今日、動物門の数としてよくひき合いに出される数は、三十から三十五だろう。

近年、いくつかの新しい動物門が提唱されている。研究によって別の枝からの動物が誤って含まれていることが明らかになり、門を二つに分けなければならない場合が時折生じている。そのような一例として、以前の中生動物門が、菱形動物門と直泳動物門に二分されたことがあげられる。前者には小さな蠕虫のような寄生性の動物が含まれ（驚くべきことに、タコやイカの腎嚢にすんでいる）、後者にはもっと小さい寄生性の蠕虫（クモヒトデに寄生）が含まれる。さらに論議のあるところでは、扁形動物（ヒラムシ、条虫、吸虫）の事例がある。最近、そのなかからいくつかの種が、新しい動物門である無腸動物門に移された。

新しい動物門は、全く新しい動物が発見された場合にも創設される。その動物の体の構造は、他に類例がなく明らかにユニークであり、既知の動物門のどれにも当てはまらない場合だ。新しい動物門が創設されるには、この基準がみたされていなければならない。一九八〇年代以降、動物門の創設は数回しかない。そうした動物門として、有輪動物門（ロブスターやクルマエビの口器に接着して生息）、胴甲動物門（つぼを小さくしたような形をして砂粒に固着して生息）、微顎動物門（さらに小さな動物でグリーンランドの淡水温泉に見いだされる）がある。

動物門はなくなることもある。これは動物が絶滅するために起こるのではない。そのようなことは、今まで、いや少なくとも人類の歴史が始まって以来なかったということができる。そうではなく、ある動物門の動物全体が、別の動物門に入れるほうが適切だとわかったときに、動物門は消失する。その二つの動物門は、論理的帰結として一つに統合されることになる。こうしたことは、驚くべきことにしばしば起こる。それは大方の場合、ある動物群が、非常に特異な解剖学的形態をもつために、独立した一つの動物門として分類されていたところ、後になって初めて、それらは別の動物門のなかの特殊化した一群だと判明するような場合だ。そのような例として最もよく知られているのは、ガラパゴス諸島や大西洋中央海嶺周辺の深海の熱水噴出孔のまわりで巨大な管をつくってその中にすむムシ、有鬚《ゆうしゅ》動物門として知られた動物の場合だ。有鬚動物のなかには体長二メートルにまで成長するものがあるということを考えれば、進化的な関係を解明することがむずかしかったのもうなずける。しかし、現在ではDNA塩基配列のデータから、有鬚動物はミミズやヒルのようなよく知られた動物が含まれる環形動物の一群が変化したものだ、ということがわかっている。

もう一つの例は、鳥や爬虫類の鼻道内に引っ掛かって生息している、表面がざらざらした寄生虫

（大きなものでは一五センチメートルくらいになる）を含む、かつての舌形動物門（シタムシ）の事例がある。その恐ろしげな外観に反して、シタムシは極度に変化した甲殻類であり、節足動物門のなかの鰓尾目に近いことがＤＮＡや細胞構造の研究からわかっている。

本書では、三十三の動物門を認めることにしよう。このなかで九つの動物門は、たいていの人にとって身近でよく知られた動物を含んでいる。さらに四つの動物門は、少し注意を払えば、池、側溝、あるいは海岸沿いの道の脇で見いだせる。多くの人にとってなじみ深い九つの動物門とは、海綿動物門（カイメン）、刺胞動物門（クラゲ、サンゴ、イソギンチャク）、節足動物門（昆虫、クモ、カニ、ムカデ）、線形動物門（ヒトに寄生する回虫類、線虫）、環形動物門（ミミズ、ゴカイ、ヒル）、軟体動物門（巻貝、カキ、タコ）、扁形動物門（ヒラムシ、吸虫、サナダムシ）、棘皮動物門（ヒトデ、ウニ）、そして脊索動物門（魚類、カエル、トカゲ、鳥類、ヒトのような哺乳類）だ。比較的容易に見いだせる四つの動物門とは、外肛動物門（コケムシ、海藻の葉の表面に小さなレンガ状の箱が連なっていることで容易に見つけられる）、紐形動物門（ヒモムシ、海岸の岩の下などに生息し、ゆっくりと動く）、輪形動物門（ワムシ、池の水中におびただしい数がいる）、そして緩歩動物門（クマムシ、コケの中に見いだされるミニチュア熊。多くの動物学者の可愛い動物リストのトップを飾る）だ。

動物が進化を通して、いかに多様になったのか、どのように生きているのか、いかにして特定の環境に適応していったのかを理解しようとするなら、まず動物門のレベルから始めるのがよいだろう。「動物門は、形態学に基づいた生命の樹の枝」だ。したがってある動物がどの動物門に属するのかを知ることは、必然的に、その動物と同じ門、あるいは関連する門の動物種と比較するときに有用となる。そして、その動物の解剖学的構造がどのように働いているのかを考えるときにも有用だ。たとえば、ある動物が線形動物門に属しているということを知っていれば、きっとこの動物門でみられる伸縮性に富んだ厚いクチクラとポンプのように動く咽頭に注意するだろう。このことは、その動物の特徴や生活様式を理解することにつながる。逆に分類を無視すると、離れた種間ではボティプラン（体のつくり）が違っていたり、進化や生息の仕方に加わる制約が異なっていたりする場合があり、比較するのに混乱をきたすだろう。

動物門は単に異なる三十三の分類群のリストとみなすべきではない。その一つひとつは、進化の樹の枝を構成しているのだから。そしていうまでもないが、一つの枝は必ず別の枝とつながっている。このために、複数の動物門の系統関係が、それぞれを別の動物門と比較したときよりも近縁となる場合がある。この情報は、動物界のメンバーの構造（形態）、機能、進化が、どのように関係し合うのかを理解するうえで非常に重要だ。

第三章　動物の進化と系統樹

私はきっと見ることはないと思うが、それぞれに偉大な自然界分類についてかなり信憑性のある系統図ができる日が来るだろう。
チャールズ・ダーウィン
『T・H・ハクスリーへの書簡』一八五七年

生命の樹の構築

ダーウィンは、枝をはった樹が進化の過程を記述するのによいたとえになることを認識していた。一八三七年に、彼は自分のノートの一つに、小さな進化の系統樹のスケッチを残している。そのスケッチのすぐ上に、「私は考える」という興味をかき立てられる言葉が記されている。ダーウィンは、ある種から複数の娘種が生じうること（種分化として知られる過程）に気づくとすぐに、樹というアイデアに思い至ったのだろう。進化の樹（系統樹ともよばれる）は、種分化を素直に表現する。系統樹のすべての分岐点、一つの線が二つに分かれるところは、一つの種が二つになることを視覚化しているのだ。

系統樹は、類似した動物種が含まれる場合には容易に理解できるだろう。たとえば、仮に樹のなかの一つの線がオオモンシロチョウ *Pieris brassicae* につながり、もう一つ別の線がモンシロチョウ

Pieris rapae につながっているとしよう。すると、二つの線が出会う点は、二つの非常によく似たチョウを分ける種分化が起こったことを表すことになる。それは、二つの集団が、進化の歴史のなかで、「共通祖先」から交配できないくらいにまで分かれた点だ。ここで重要なのは、これらの二つの集団は、二種それぞれに固有の形質をまだ獲得していないだろう、ということだ。二つの集団は、同一とみえるかもしれない。しかし実際には、多くの場合、系統樹には非常に近い種だけが含まれているわけではない。そうではなく、系統樹は、たとえば、昆虫、クモ、ナメクジ、クラゲ、ヒトなどのような大きな動物群の間の進化的関係をも表している。どのような系統樹であれ、系統樹はいつでも正確に同じやり方でみるべきだ。もし、系統樹のなかのある線が昆虫につながって、もう一つ別の線がクモにつながっているとすれば、二つの線が出会うところは、二つの動物群のはるか昔に絶えた共通祖先を示すのだ。それはクモでも昆虫でもない。種分化が起こると、ほとんど区別がつかない二つの動物群それぞれの祖先が生じるのだ。

ダーウィンは、樹のアイデアをノートに書きとめ、『種の起原』で唯一の図版のなかで、そのアイデアを拡大させてはいたが、どれがどれと関係があるのかを解明しようとしたわけではなかった。ダーウィンにとって、進化の樹は進化について考える手段、単に概念にすぎなかった。しかし、ダーウィン以後の多くの進化生物学者は、樹の枝に名前をつけようとした。それは重要な問題で、解決可能な問題のはずだ。最終的に、動物の進化を正しく表現するただ一つの動物の生命の樹があるはずだ。したがって、系統樹を描くということは、進化で辿った道筋について、仮説を立てることになるのだ。

最初期の進化の樹のいくつかは、一八六〇年代から一八七〇年代にかけて、ドイツの動物学者エルンスト・ヘッケルによって描かれている。ヘッケルの手による樹は、こぶだらけの樹皮、ねじ曲がった枝をもち、さらに一つ一つの枝、あるいは葉に動物群の名前が記され、芸術的なまでの詳細さという点で際だっている。ヘッケルは、彼の樹、すなわち彼の動物の進化に関する仮説の根拠を、いくつかの知見に求めていたが、とりわけ発生学から解明された動物の特徴を好んで利用した。その理由の一部は、ヘッケルが「進化の過程で、胚はゆっくりと変化していく」と考えていたことにある。成体が大きく異なってみえる場合でも、発生には同じような特徴がみられることはよくある。ヘッケルが結論したことのなかには、現代の考え方に合致するものもある。たとえば、彼はクラゲとイソギンチャクを同じ枝に置いている。そして、その枝を動物の進化の早い段階で、それ以外の動物の枝から分岐させている。ところが、たとえば、棘皮動物（ヒトデ、ウニなど）を、節足動物（昆虫、クモなど）に近い枝に置くなど、今日の私たちにとっては驚きとなる、あるいはまちがった考え方もしていた。

その後八十年以上にわたって、動物学者たちは無脊椎動物の膨大な多様性に注意を払って、動物のよりよい解剖学的記載を行い、発生をより詳細に研究してきた。しかし、二〇世紀の半ばでさえも、合意が得られるには至らなかった。動物界の系統は、一つとして合意の得られたものはなく、研究者それぞれが、少しだけ異なった系統樹を提唱していた。次に述べるシナリオは、特に米国の教科書で優勢になったもので、体腔動物仮説とよばれている。

体腔動物仮説

この系統樹では、どの動物門と動物門が最も近いのかを決めるおもな証拠として、初期胚の対称性、胚葉、体腔、分節性、および細胞分裂のパターンが用いられた。最も身近な動物の昆虫、カタツムリ、ミミズなどのいわゆるムシ、そして私たちには、ただ一つの鏡像対称面（左右対称軸）がある。この面（または軸）は、頭尾の方向に沿って体の左手側とその鏡像の右手側を分けている。真の対称から逸脱する現象、たとえば、巻貝のねじれ、カニの左右で大きさの異なったハサミ、ヒトの体の左側にある心臓などがあるが、これらは軽微な逸脱だ。基本的には、ほとんどの動物は左右相称とよばれる鏡像対称になっていて、左側と右側のある構造をしている。それとは対照的に、四つの動物門では頭と尻尾が明確でなく、左側も右側もない。これらの非左右相称で始原的な動物は、対称性をもっていないか、放射相称になっているかのどちらかだ。そうした動物門として、刺胞動物（クラゲ、イソギンチャク、サンゴ）、海綿動物（カイメン）、そして両者ほどは知られていないが、有櫛《ゆうしつ》動物（クシクラゲ）と板形動物がある。

第二の証拠は胚葉の数だった。胚葉とは、初期の胚に生じ、発生の間に複雑になっていく細胞層のことだ。多くの動物には三つの胚葉がある。それは、腸の壁をつくっている内側の細胞層（内胚葉）、皮膚、神経などをつくる外側の細胞層（外胚葉）、そして筋肉や血液、その他の組織をつくっている中間細胞層（中胚葉）だ。しかし、四つの始原的な非左右相称動物に、中胚葉らしいものがあるかどうかについては論議があるのだが、大雑把にいえば、これらの動物には二つの胚葉（外胚葉と内胚葉）しかない。対称性と胚葉という二つの証拠から、左右相称な動物は「左右相称動物bilateria」という一つの大きな動物群とされた。左右相称動物は、胚葉が三つあることにちなんで三胚葉動物ともよばれる。左右相称でない四つの動物門は、動物の進化の過程で早期に分岐した枝から生じたとされた。

左右相称動物に話を移すと、体腔動物の系統で特に注目されたのは、体の内部に液で満たされた腔所があるかないかだった。いくつかの左右相称動物の胚には、上皮細胞シートで囲まれて液で満たされた大きな腔所がある。最も顕著なのは、環形動物（たとえば、ミミズ）と軟体動物（たとえば、ナメクジや巻貝）だが、脊索動物の胚にも同様な腔所がある。さらに、棘皮動物（ヒトデ、ウニ）の胚にもある。このような体の中にある腔所を体腔という。こうした体腔を備えた動物門は体腔動物とよばれ、進化の系統樹のなかで互いに近くなるように置かれた。ミミズの場合、体腔は成体まで維持され、液性の骨格として働く。節足動物（昆虫、クモ）などでは、体腔は非常に小さく、あるいは発生が進むとなくなってしまう場合もあるが、それでもこれらの動物は体腔動物に入れられていた。（系統樹によっては、体腔をもつ動物の一部だけがひとまとめにされている場合もあった。）節足動物が環形動物に近いとされたもう一つの理由は、どちらも、分節単位（体節）が繰返されてできた体をもっているということだった。分節は、ムカデやミミズの体で、環の連なりとして明確に認められる。したがって、多くの系統樹で、「体節をもった体腔動物」という大枝が定義され、体節動物とよばれたのだった。

体腔動物に対して、中胚葉が詰まっていて、液で満たされた腔所をもたないような左右相称動物がある。これらの動物は無体腔動物とよばれ、扁形動物（ヒラムシ、吸虫、条虫）と紐形動物（ヒモムシ）が含まれる。体腔動物と無体腔動物の中間のカテゴリーとしては、上皮細胞層がなく同定が困難だが、いわゆる体腔をもった線形動物（回虫）のような偽体腔動物がある。体腔動物の系統という仮定は、すべての体腔動物は一つの群にまとめられ、無体腔動物は進化の早い段階で分かれたとされる。無体腔動物は体腔動物の祖先であり、したがって無体腔動物は、最も始原的な左右相称動物だと考えられた。もう一つの意味としては、無体腔動物から体腔動物へ、おそらく偽体腔動物を経て、左右相称動物の進化を通じて複雑度が高くなる過程があったと考えられることだ。それらはちゃんと現在の系統樹に反映されている。

新しい動物の系統樹

すべての動物学者が右に述べた考えを支持したわけではなかったが、それは数十年間にわたって広く受け入れられていた。広く支持を集めたもう一つの説は、左右相称動物を旧口動物と新口動物の二群に分けるというものだった。この説では、体腔は重要視されなかったが依然として分節が用いられて、節足動物と環形動物は体節動物として分類されていた。しかし一九八八年に、新しい証拠が、この問題にかかわるようになった。当時米国インディアナ大学にいたルドルフ・ラフをリーダーとする研究チームは、動物門の間の進化的関係を研究するために、遺伝子のデータを利用し始めたのだ。するとすぐに、体腔動物説、そして体節動物説には大きなまちがいがあることがわかった。

遺伝子にはときを経るにつれて変異が蓄積されていくため、種間のDNA塩基配列の違いは、それらが祖先を共有していたときからどれくらい経過しているのかを反映しているはずだ。近縁な動物門では、ある遺伝子についてみれば同じようなDNA塩基配列だろうし、系統的に遠くなれば異なったDNA塩基配列となるだろう。ラフと共同研究者たちは、どの細胞にもあるリボソームの構成要素の一つである小サブユニットのリボソームRNAをコードする遺伝子に着目した。この遺伝子に着目するおもな利点は、どの生物種にもあって、同じ役割（タンパク質の合成）を担っていることだ。

一九八八年のラフらの研究は、DNAの塩基配列情報を使って動物の真の系統樹を探し求めるという大変革の始まりとなった。その技術は開発されて日も浅く、それを用いた解析は揺籃期にあったが、結論は当初から明白だった。体節をもつ環形動物と、同じく体節をもつ節足動物のリボソームRNA遺伝子の塩基配列は、大きく異なっていたのだ。体節動物というグループを支持する証拠は全くなかった。

それから二十年以上にわたって、さらに多くの遺伝子の塩基配列が、さらに多くの種について決定された。そしてコンピューターに基づいた解析方法が改良され、洗練されていった。その結果、現在最も信頼できる系統樹には、それぞれの動物種について百以上の遺伝子が含まれるが、それらは驚くほど決まった図を示すのだ。この新しい動物の系統樹は、古い系統樹とある程度の類似性を示すが、その一方で、いくつかの重要な違いもあることがわかっている。

新しい動物の系統樹では、四つの非左右相称動物門が主幹から早期に分岐している。これは、体腔動物仮説や形態に基づいた樹形でみられるのと同じだ。このことは、胚葉と対称性は正しい図を指し示していたことを意味する。クラゲ、イソギンチャク、サンゴ、クシクラゲ、そしてカイメンは、本当に「始原的動物」だったのだ。これらの始原的動物が分岐した後、残った動物が左右相称動物ということになる。

仮説によって違いがあるのは、左右相称動物のなかだ。たとえば、新しい動物の系統では、無体腔の動物だけからなる分類群はない。同様に、偽体腔、あるいは体腔をもつ動物だけからなるような分類群もない。そうではなく、三つの体腔パターンは、新しい系統樹のあちらこちらで混在している。このことは、進化の過程で体腔は複数回生じた、あるいは失われた、または両方が起きた、のいずれかを意味する。これは機能という観点からみれば、おそらく驚くべきことではない。液で満たされた腔所は、無脊椎動物が多様な環境で生きていくうえで有利に働く。体腔は、体を支持するのに役立つ。また、体腔はつぶれることのない「袋」なので、多数の筋肉でしごくようにして形を変えられる。柔らかい体をもつ動物にとっては、体腔のおかげで運動する力と効率が向上し、土の中に潜ったり、速く這うことができたり、泳ぐことさえ可能になる。

進化の系統樹を描くという視点からみると、体腔は系統との関係性が薄い指標だ。同様なことは分節性についてもいえる。体が分節単位に分かれるのは、たとえば、ある環境下では、動く効率が向上することになって有利に働く。さらにそれは進化の過程で、おそらく複数回起こった。体腔と同様に、分節は進化の過程で簡単に生成しては失われ、どの動物とどれが関係しているのかを示す指標にはならない。結局、体腔動物という分類はないと考えられる。体節動物についてもそうだ。

では、DNAの塩基配列から構築される進化の系統樹はどのような形なのだろうか。現在急速に、広く受け入れられるようになった新しい系統樹では、左右相称動物は、三つの動物上門（新口動物、脱皮動物、冠輪動物）に分けられている。そのそれぞれに複数の動物門が含まれている。私たちが属している動物上門は、新口動物とよばれる。この新口動物には、私たちの脊索動物門とともに、棘皮動物門（ヒトデやウニ）と半索動物門（悪臭のするギボシムシが含まれる）が含まれる。古い系統樹でも、ほとんど常に、新口動物とよばれるものはあったが、そこには新口動物ではない少数の動物、特に毛顎動物のヤムシが含まれていた。（DNAのデータに基づいた新しい系統樹では、他の場所に移されている。）

左右相称動物の残りの二つの動物上門は驚きだった。二つの動物上門は、解剖学的比較からは全く思いもよらなかったし、古い伝統的な系統樹のどの一つにもなかった。にもかかわらず、二つの動物上門は、DNAの塩基配列データによって強く支持されたのだ。こうした考え方はつい最近に

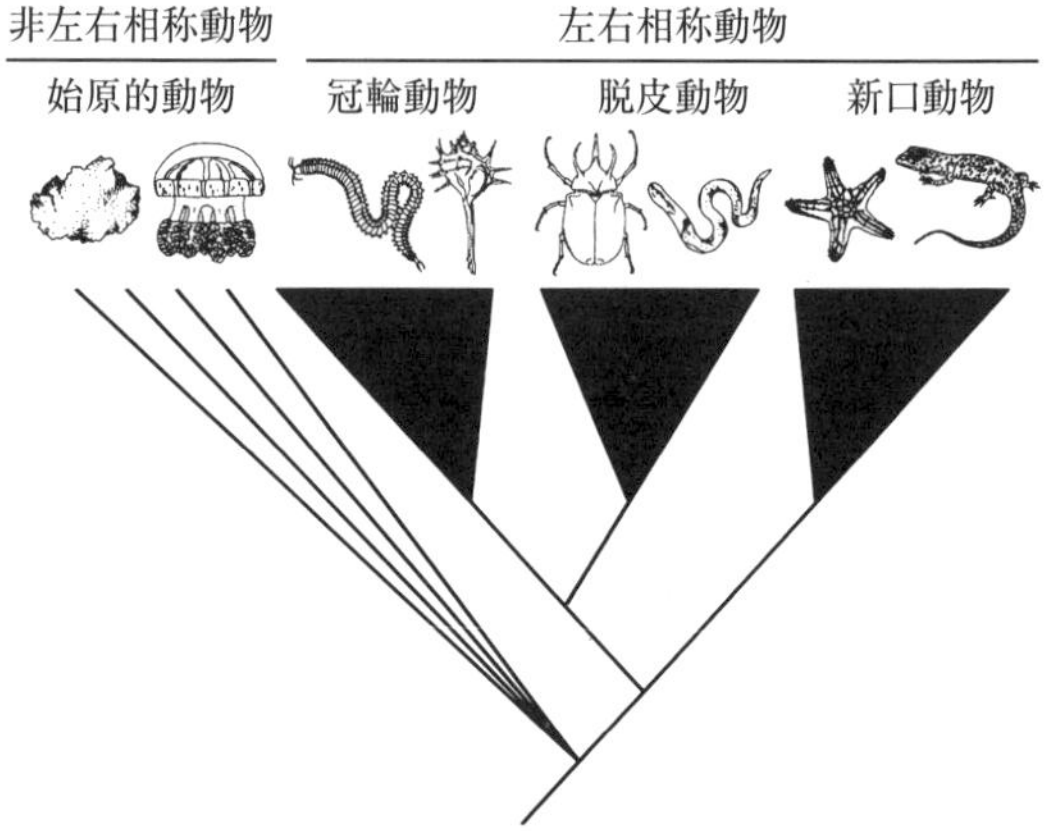

DNA 配列に基づく新しい系統樹

提唱されたために、二つの動物群には新しい命名が必要だった。一つは、節足動物（昆虫、クモ、カニ、ムカデ）、線形動物（回虫）、それにいくつかの動物門が含まれ、「脱皮動物」とよばれる。もう一つは、環形動物（ミミズ、ヒル）、軟体動物（カタツムリ、タコ）、扁形動物（ヒラムシ、吸虫、条虫）、外肛動物（コケムシ）などの動物門が含まれ、「冠輪動物」の名が冠せられた。

系統樹は、略図にすると最もわかりやすく示せる。図に示すように、新しい系統樹では、動物の進化の過程で、四つの非左右相称動物門が最も早く分岐し、残ったものが左右相称動物となる。左右相称動物は、すでに述べたように三つの動物上門に分かれる。偶然だが、後者二つは互いに近く、そのため古い系統樹でいう旧口動物にほぼ一致する。三つの動物上門は、すべて現生であるため、どれが上位でどれが下位ということはない。このことは重要で、よく認識しておかなければならない。「自然の階段」はないのだ。本書ではこれから、それぞれの枝の動物をみていく。非左右相称動物から始まって、ついで左右相称動物の三つの動物上門を取上げる。順序はいい加減だ。ヒトが新口動物のなかにあることで、私たちの属する分類群が、系統樹のなかで何か特別な優位性をもつということはない。

第四章　始原的動物 ——カイメン、サンゴ、クラゲ——

海底は、延々と続くサンゴ、カイメン、イソギンチャク、そしてその他の海産生物で完全に覆われていた。それらは圧倒的な広がり、多様な形、そして輝かしい色彩だった。それは何時間でも見いってしまう光景で、その超越した美しさと興味深さは筆舌に尽くせない。

アルフレッド・ラッセル・ウォレス
『マレー諸島』一八六九年

海綿動物——カイメン

カイメンは、動物界のなかで最も動物らしくない動物だ。大部分のカイメンは、花瓶のような形をしているが、海中の岩あるいは湖や川の水中の小石や枯れ枝の表面を覆うざらざらした不定形をしているものもある。これらの動物には前後、背腹、あるいは左右という概念は厳密には適用できない。カイメンには明確な神経細胞や筋肉はないが、ゆっくりと動くことができる。そして、他の動物と同様に、接触に反応し、環境の化学的変化を感知することができる。他の動物と異なって、カイメンは真の口、消化管をもたないが、代わりに複雑な水流系を用いて餌をとる。カイメンの表面には一個あるいは複数の大きな孔があるので、カイメンがそこにいるとわかるが、実は、カイメ

カイメン（海綿動物）. *Haliclona* およびその襟細胞の構造

ンの表面には何千もの小孔がある。その小孔から水が常に流入し、大きな孔から出ていく。そして酸素や細菌などのカイメンの食物となる粒状物質が運ばれる。この水流は特別な細胞によってつくり出されている。それは、カイメンの中の水の流路である穴や腔所のネットワークを縁取るように存在する襟細胞（摂餌細胞）だ。それらはむち打つ鞭毛をもっていて、一章で取上げた単細胞生物の襟鞭毛虫と似ているが、襟細胞は全く違った働きをする。襟細胞は、襟鞭毛虫のように襟を単なるネットとして使って餌を捕るのではない。襟細胞のある腔所は、襟細胞がないところよりも断面積が大きくなっている。このことは、その腔所に水流が入ると大きく減速されることを意味する。つまりその腔所では、流入してきた水がほとんど静止状態となるため、カイメンの細胞は細菌やその他の餌となる粒子を取込める。

カイメンは多くの細胞種をもっているが、その多くは器官（腎臓、肝臓、卵巣などのように特定の機能をもつ）を構成するまでには至らない。（襟細胞の小部屋は単純な器官といって差し支えないくらいだが。）そのために、カイメンは組織レベルの構築だとされる。カイメンのなかには、空想科学映画に出てくる「再生するエイリアン」のヒントになったほど驚異的な再生能力をもつものがある。このような特質を明確に示した実験が、一九〇七年に米国ノースカロライナ大学のヘンリー・ファン・ペータース・ウィルソンによって論文報告されている。ウィルソンは、生きたカイメンをすりつぶして、小麦粉をふるい分けるような細かい布を通し、カイメンを個別の細胞にまで解離した。すると、細胞はゆっくりと動いて再集合し、新しいカイメンになった。ウィルソンはそれを見たのだった！　さらに、二種のカイメンの細胞を混ぜておいたところ、それらは互いに選別し合って再びもとの二つのカイメンになった。再生は動物界の系統樹のさまざまな枝で見いだされるが、カイメンほどの再生のエキスパートはいない。

カイメンは、外側と内側の細胞層の間に結合組織をもっている。それは、スポンジンとよばれる強靭な繊維状タンパク質、または炭酸カルシウムないし二酸化ケイ素でできた骨片（小さな槍あるいは星のような形をしている）で裏打ちされている。前者のタイプ、すなわちスポンジン骨格をもつが骨片をもたないカイメンは、洗濯や清掃によく用いられた旧来のスポンジ（現在では合成スポンジにとって代わられているが）の原料だった。そのような種として、*Spongia* と *Hippospongia* がある。

カイメンを集めて利用するのは何世紀にも遡る。紀元後一世紀に、大プリニウスは、傷をきれいにする、腫れを軽減する、止血する、刺し傷を処置するのに、カイメンをどのように使うのかを詳細に記述している。さらに遡って、紀元前四世紀には、アリストテレスが兜の縁取りにはどのカイメンを使うべきかを、次のように記述している。

アキレスのカイメンは、きわめて上質、細かい繊維で強靱である。このカイメンは、兜やすね当ての縁取りとして、打撃音をやわらげるために使われる。

驚くべきことに、カイメンを道具に使うのは人だけではない。オーストラリア西海岸のシャーク湾では、ハンドウイルカのある一群が、砂底で餌をとるときに、カイメンをはぎ取って鼻先につける。鼻先を保護することを学習しているのだ。

カイメンは一つの門、海綿動物門を構成している。海綿動物門はさらに三つの綱、尋常海綿綱（風呂で使うスポンジ）、石灰海綿綱（炭酸カルシウム骨片をもつ）、そして、深海にすむ希少な六放海綿綱に分けられる。六方海綿綱はガラスカイメンとして知られ、とりわけ美しいが、他のカイメンから区別される重要な相違点がある。際立った特徴として、その体は個々の核が細胞膜で仕切られることなく、多数の核を含む細胞の層から構成されていることがあげられる。もう一つ変わった点としては、ガラスカイメンのケイ酸の骨片は、繊細な格子状につむぎあわされて精妙なガラス製のかごのようになっていることだ。最もよく知られている例としては、ヴィーナスの花籠（カイロウドウケツカイメン）がある。大洋底の岩に付着して生息し、ガラス繊維を複雑に編んだレースのような三〇センチメートルにも達する円筒状の塔となる。そのガラス繊維レースかごの中には、しばしばオスとメス一組のエビが見つかる。それらは、かごの中で成長して大きくなるため、カイメンの骨片の外へ出られなくなる。こうして生涯の伴侶となるのだが、そのエビの子孫は格子を抜け、外に泳ぎ出ることができ、他のヴィーナスのかごの中に入る。古い日本の風習では、このカイメンを永遠の契りの象徴として結婚のお祝いに贈ったようだ。

板形動物——不思議な動物

カイメンだけが三つの明確な軸、つまり頭から尾、背から腹、左から右（左右相称）を欠く動物というわけではない。海綿動物以外に三つの動物門が非左右相称な構造をもっている。それらは刺胞動物（イソギンチャク、サンゴ、そしてクラゲ）、有櫛《ゆうしつ》動物（クシクラゲ）、そして板形動物だ。最後の動物門にはもともとは、ただ一つの種だけが含まれていた。パンケーキのような形状の小さな生物、「粘着性をもった、毛のある板」を意味する学名をもつセンモウヒラムシ *Trichoplax adherence* だ。しかし近年の遺伝子解析では、こうした生物は一つだけではなく実際には数種があり、太平洋からカリブ海、そして地中海から紅海の熱帯、亜熱帯の海で這い回ったり、浮いたりしている。一見すると、センモウヒラムシは、直径〇・五〜一ミリメートルくらいで、非常に大きなアメーバと見まちがってしまうほどだ。だが、仔細に観察すれば、何千もの細胞から構成されていることがみてとれ、真の動物だとわかる。その不定形で扁平な姿には、決まった前端がない。そして形を変え、下側を覆っている何千もの顕微鏡レベルの微細な繊毛を打つことによって、ものの表面をどの方向にでも這うことができる。センモウヒラムシには、口も腸もないが、体の下表面から酵素を放出する。これにより、単細胞の藍藻のような餌となるものを分解して、栄養源としている。結局のところ、板形動物はきわめて変わった動物で、長い間動物学者を悩ませてきたのだった。

この動物は、一八八三年に、ドイツの動物学者でカイメンの専門家だったフランツ・エイルハルト・シュルツによって最初に発見された。おもしろいことに、彼は板形動物を野外で発見したのではなかった。シュルツが新しい動物を発見したのはオーストリアの水族館だ。その動物は、水族館の水槽の一つで壁を這っていたのだった。したがって、この動物が自然界ではどこで生息しているのか、最初は手がかりがなかった。このため多くの動物学者が、シュルツは単にまちがってイソギンチャクのような動物の幼生を新規動物として記載したのだというようになった。シュルツが疑惑から完全に解放されたのはほとんど一世紀後だった。野外、研究室で板形動物が徹底的に調べられて、現在では、種の数としては小さいが、独立した門を構成することが明らかにされている。しかし、シュルツのようにしたいという人には警告しておこう。かつて私は水族館のショップから出て行くように言われたことがある。魚の水槽の泡を拡大鏡でしげしげと見ていると、それを見つけた店長が怒気をはらませてやってきたのだった。

有櫛動物――クシクラゲ

有櫛動物は非左右相称動物の第三の門を構成している。その体のつくりは、カイメンとも板形動

板形動物

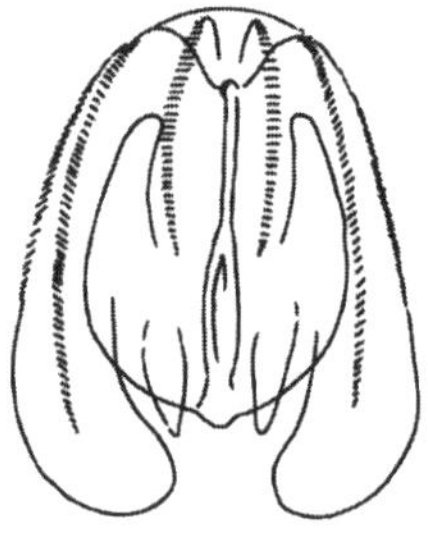

クシクラゲ（有櫛動物）

物とも異なっている。クシクラゲはゆっくりと動く捕食者で、緩慢な動きをする他のクシクラゲや甲殻類、海産動物の幼生などを捕食しながら海の中を漂っている。大方の捕食者と異なって、クシクラゲは餌を追いかけたり、餌に忍び寄ったりはしない。餌となる小さな浮遊生物と出会うと、それらを二本の長い触手に沿って並んだ特別な細胞から分泌される小さな粘液滴で捕らえる。カイメンや板形動物とは異なって、クシクラゲには神経細胞と平衡器官があり、環境にすばやく対応することができる。

ほとんどのクシクラゲは、ほんの数センチメートルほどの大きさのゼリーの塊だが、生きているクシクラゲを見れば、ほとんど誰もが、クシクラゲを地球上で最も美しい動物にあげるだろう。クシクラゲの最も目立つ特徴は、体に沿って縞状に走る八本の「櫛《くし》」だ。それぞれの櫛には何千もの繊毛があり、それらはきわめて協調的に、すぐ隣の繊毛が打った後に打つことによって、一つの繊毛波をつくり出している。それは、サッカーの試合の合間などに、スタジアムの観客席を周回する「ウェーブ」といった方がいいかもしれない。この何千もの小さな繊毛のやさしい動きによって、クシクラゲはゆっくり静かに海の中を進むが、それだけでなく光を反射して、絶えず移り変わってちらちらと虹色に輝いている。

最もよく知られているクシクラゲは、*Pleurobrachia* のようなブドウ粒大の「海のグースベリー」で、太平洋、大西洋の全域、英国の沿岸で見いだされる。しかし、最も壮麗なクシクラゲは、疑う余地なく、一メートルほどもあるオビクラゲ（学名は *Cestum veneris* でローマ神話の愛の女神ヴィーナスのガードルの意）だろう。ふつうの卵形をした典型的なクシクラゲと異なって、オビクラゲは長いリボンのような体をもち、その繊毛列で太陽光を反射させながら、きらきら虹色光沢を帯びて海中で輝いている。無神論者としても知られる進化生物学者のリチャード・ドーキンスの言葉を借りれば、オビクラゲは「女神にはもったいない。」

ほとんどのクシクラゲは、海における食物連鎖で小さな役割をもつ以外には、人に対してほとんど直接的な影響を及ぼすことはない。しかし、一種だけは悪者の始原的な無脊椎動物として悪名高い。一九八〇年代に、大西洋に生息するクシクラゲ *Mnemiopsis* が、おそらく通常の商業輸送で船内のバラスト水に混入して、たまたま黒海に持込まれたことがあった。そのクシクラゲは、競争者も捕食者もいない新しい環境に入るや急速に数を増し、莫大な数の魚や甲殻類の幼生を消費した。ある推定によれば（真偽について議論はある）、黒海の中で増えた小さなクシクラゲの総量は五億トン以上になったという。黒海でのカタクチイワシ（アンチョビ）漁は、それまでにすでに漁獲量は減少傾向だったが追い打ちを受けた。生態学者たちが、何をすべきか意見を戦わせていたところ、解決策がみえてきた。偶発的なもうひとつ別の生物の流入という、予想もしなかった解決だったが。それは、別のクシクラゲ、ウリクラゲだった。たまたまだったが、ウリクラゲは魚類や甲殻類を餌にすることはなく、もっぱら他のクシクラゲだけを食べる専門的な捕食者なのだ。侵入したウリクラゲが *Mnemiopsi* をどんどん捕食するおかげで、魚類の供給量は緩やかだが回復の兆しを示すようになっている。

刺胞動物――毒針と超個体

四つある非左右相称動物門のうち、カイメンと板形動物には明確な左右対称性がないが、クシクラゲには二放射相称性、すなわち一八〇度回転による対称性がある。非左右相称動物の第四の門、同時に最大の門である刺胞動物門には、クラゲやイソギンチャク、サンゴなど、おなじみの動物が含まれている。これらの動物の体にも、頭尾、背腹、そして左右の軸がない。そして、ほとんど例外なく、放射（回転）対称だ。刺胞動物の体の基本的なつくりは、コップあるいはフラスコ状の形態で、一方の端に大きな開口部があり、それは口と肛門の両方の働きをもつ。この開口部を取囲むように触手があり、それぞれの触手には何千もの刺す細胞（刺胞細胞）がある。これが刺胞動物の攻撃や防御の武器だ。刺胞細胞に触れると、三ミリ秒以内に毒をもった小さな返しつきの銛《もり》が発射される。

刺胞動物は、有櫛動物と同様に、体中に張りめぐらされた神経細胞のネットワークをもっている。他の多くの動物でみられるような単一の脳あるいは神経索はない。体をつくっている細胞層として、外側に外胚葉、内側に内胚葉があり、両者はメソグリアとよばれる物質で隔てられている。メソグリアは生きた細胞層ではなく、タンパク質成分でできている。多くの場合、その中で動き回る細胞がある。筋肉細胞からなる収縮する繊維をもつ種もある。しかし、メソグリアの中で複雑な器官ができることはない。そのため、刺胞動物はたった二つの基本的な胚葉からできた体をもつとされている。

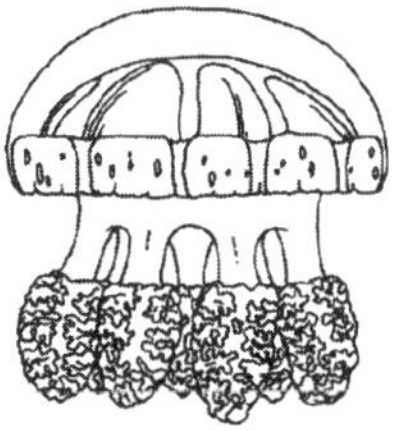
タコクラゲ(鉢虫綱)

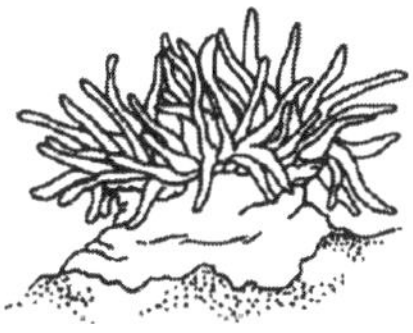
イソギンチャク(花虫綱)

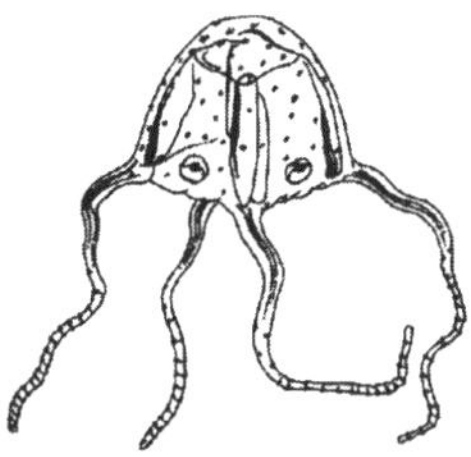
ハコクラゲ(箱虫綱)

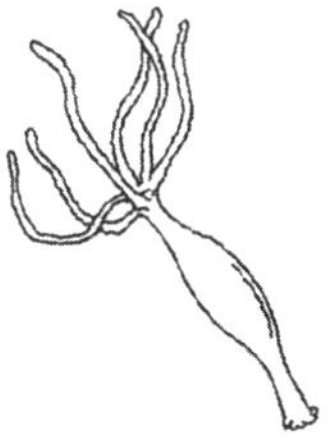
ヒドラ(ヒドロ虫綱)

刺胞動物

　刺胞動物は四つの群に分けられる。最初に取上げるのは、潮だまりなどでみられるイソギンチャクを含む花虫綱だ。この動物には、体表面の上の方に一つの開口部がある。その反対側は岩などに緩く付着している。上潮で水面の下になると、イソギンチャクは触手を冠状に広げて獲物となる小動物が近くに漂ってくる、あるいは泳いでくるのを待つ。そこにやってきた獲物は即座に刺され、食べられてしまう。

　イソギンチャクは一般には固着性の生

物だが、完全に固着したままというのではない。固着していた場所から離れ、漂うように、あるいはゆっくりと泳ぐようにして新しい場所に移動することができる。一つしかない足でゆっくりと這うことさえもでき、ある場合には、餌をとるのに都合のよい場所を求め、またある場合には、恐ろしくゆっくりとした戦いをする。二つのイソギンチャクが出会うと、刺胞細胞で武装して膨張した棍《こん》棒で相手を刺そうとするのだ。

サンゴも花虫綱に属する。サンゴは動物の進化で繰返し生じた特徴の一つである群体性を示す。サンゴは、数千、時には何百万もの直径数ミリメートル程度のイソギンチャクのミニチュアのような小動物からできている。そして、それぞれが他とつながって巨大な超個体（群体）となっている。生きているサンゴは、小さな個虫を出芽して成長するため、群体はすべて同一の遺伝的組成をもつ。それは大きなクローンなのだ。ある種では群体は扇のようであり、また別の種ではシカの角のように枝を張る。さらに、ぞっとするような人体の一部、たとえば脳とか、死者の指のように見える種さえもある。しかし、なんといってもすごいのは珊瑚礁《さんごしょう》をつくるサンゴだろう。出芽する個虫のまわりに炭酸カルシウムを分泌して巨大な白亜質の構造をつくるのだ。その上に他の動物もすみかをつくり、生息できるようになる。

次に取上げる刺胞動物は、外見はイソギンチャクに似たヒドロ虫綱だ。このなかには、いくつかの大型でカラフルな海産の種に加え、池や沼に見いだされる小型の種がある。ギリシャ神話に出てくるいくつもの頭をもった水生の怪獣にちなんで名づけられたヒドラの体は、長さ数ミリメートルほどの小さな管で、上向きに口があり、そのまわりには刺す触手がある。どの種でも、ヒドラは小さな無脊椎動物を捕らえて食べているが、さらに補助的な栄養獲得方法を合わせもつ種もある。グリーンヒドラは、ヒドラの消化管細胞の中で生育する単細胞の藻類をもっている。このためヒドラの体は明るい緑色をしている。そしてヒドラに光合成を通じて食物を供給している。前にあげた花虫綱動物のなかには群体として生きている種があったが、ヒドロ虫綱でも同様だ。悪名高いカツオノエボシは巨大な群体のヒドラで、気体で満たされた浮き袋の下に何千もの個虫がつながって、毒のある刺胞細胞の棘を備えた一〇メートルにも及ぶ紐となり、威嚇するように垂れ下がっている。

刺胞動物が、成体のイソギンチャク、サンゴ、そしてヒドラのように、「口が上」の方向性をとっているとき、それはポリプとよばれる。反対の方向性、つまり開口部が下を向いているものはメデューサとして知られる。鉢虫綱（クラゲ）で典型的にみられる形だ。多くの刺胞動物は、一生のなかで、二つの方向性、口が上と口が下を交互に繰返す。ただし単なる方向性以上に、いくつかの違いがある。遺伝子の発現パターンの解析から、下方を向いたメデューサの触手は、上方を向いたポリプの触手とは異なるものだ、とされている。

クラゲは、他の刺胞動物と同様に捕食者だ。ベルのような形をしたゼラチン状の体壁をリズミカルに波打たせて、海表面近くを漂うようにゆっくりと泳いでいる。大海の表面は、甲殻類や幼魚などのプランクトンが豊富だ。クラゲは毒のある刺胞を備えた触手をゆらゆらとさせて、それらを捕らえる。水泳していて、たまたまクラゲの触手に触れてしまい、痛みを伴う水ぶくれを実際に経験した人は多いだろう。

クラゲという基本的な形を「主題」とすれば、進化の結果いくつかの「変奏」が生じている。そのなかで、最も変わっているものの一つが、根口クラゲ目の中にみられる。このクラゲには、下を向いた口は一つもない。というのは、組織が融合して閉じてしまっているからで、その代わりに、多数の小さな口のような開口部が八本の腕にある。それぞれは複雑な水路系で消化管につながっている。タコクラゲをはじめとする多くの根口クラゲでは、その組織の中に何百万の光合成藻類を共生させており、栄養を得る補助手段としている。このため、タコクラゲは驚異的に高い密度で生息することができる。太平洋に浮かぶパラオのマカラカル島のジェリーフィッシュレイクでは、六センチメートルほどのタコクラゲがしばしば、海水一立方メートル当たり千個体にもなることがある。

本当のクラゲより、いやカツオノエボシよりもさらに人の害になるのは、刺胞動物の第四のグループ、箱虫綱（ハコクラゲ）だ。その名前は箱形の外形に由来する。ハコクラゲは、熱帯の沿岸で最もふつうにみられる。本当のクラゲと違って、ハコクラゲは二十四個の目をもっている。そのうちの六個にはレンズ、虹彩、網膜があり、像を結ぶことができる。ハブクラゲやオーストラリアウンバチクラゲは、その強力な毒のため、当然なことだが、泳ぐ人から恐れられている。海のスズメバチの一刺しは非常に強力で、人でも命を落とすことがある。別種のハコクラゲだが、刺されたときにはそれほど痛くないが、後にイルカンジ症候群として知られる病態をひき起こすものがある。イルカンジの名は、ハコクラゲがふつうにみられるオーストラリア北クイーンズランド地方のアボリジニの部族の名に由来する。イルカンジハコクラゲに刺されると、徐々に激しい背中の痛み、筋肉の痙攣、吐き気、血圧の上昇、心障害（切迫した破滅感）などの症状が起こる。

第五章　左右相称動物 ――体の構築――

人は虫けらにすぎない。
エドワード・リンゼイ・サンボーン
『パンチ』一八八一年

前後のある動物

あなたは左右相称動物だ。同様に、魚も、鳥も、ミミズ、イカ、ゴキブリ、そのほか何百万という動物もそうだ。事実、ほとんどの動物は左右相称動物だ。その名のとおり、動物界の大区分である左右相称動物は、左右相称性をもつ動物門から構成されている。左右相称性とは、動物の体の中心を上から下まで真っすぐに通って、体を鏡像対称に分ける面が一つだけあるということだ。この左右相称性によって、体は左側と右側に分けられる。そうすると、体の前端（前方）と後端（後方）、背面と腹面もあることになる。が、これらは対称ではない。ヒトについてみれば、左手側、右手側はすぐにわかるだろうが、体の前端は頭、後端は座るところ、尻となるのだ。背側は脊髄に沿った側だし、腹側はおなか側だ。こうした方向性は、人類が（進化の時間のなかで）ほんの最近に立ち上がったことを思い出せばすぐにわかるだろう。

左右相称性は、ほとんどの刺胞動物と有櫛《ゆうしつ》動物にみられる回転対称性、そして板形動物あるいは海綿動物の明確な対称性の欠如とは全く異なる。左右相称動物に見いだされる体のつくりの類似性は表面的なものではない。左右相称動物は明確に組織化された筋肉をもち、活発に動くことができる。ほとんどすべての左右相称動物は、脳を備え集中化した神経索、そして体の前端に特別な感覚器官を集中させている。さらに、ほとんどの場合、口と肛門を備え、体を貫通する管（消化管）をもち、食物を効率よく処理することができる。例外的に、消化管に開口部が一つしかない場合があるが、これは二次的になったと考えられる。

左右相称動物の進化は、活動的で、力強く、方向性をもって移動する動物が出現したということだ。左右相称動物は、対になった感覚器を頭部に載せて周囲の環境と向き合い、体内の不要物を体の後方に排泄し、穴を掘り、這い、あるいは泳ぐことができる。左右相称動物は、まさに三次元で世界を探検し、開拓し、利用しているのだ。

左右相称動物（三胚葉動物）と、より始原的な動物との違いは、一世紀以上前から知られていた。一八七七年、英国の有名な動物学者だったレイ・ランケスターは、左右相称動物の胚を刺胞動物や海綿動物の胚と対比させて、左右相称動物の発生の過程では、成体の筋肉に分化する特別な細胞層があると指摘している。胚の内部、体の対称性が類似しているのがわかったのは非常に重要だ。だが二〇世紀の終わりごろになると、類似性はさらにずっと深く、DNAにまで及ぶことがわかり、生物学者たちは驚いたのだった。すべての左右相称動物が体をつくるのに同じ遺伝子セットを使っているという発見は、二〇世紀における最もすばらしい科学の躍進で、一九八〇年代以降の生物科学を変えた。その発見は、爆発的衝撃を与える発見だったが、導火線つきの革命でもあった。

ホメオティック突然変異とホックス（Ｈｏｘ）遺伝子

ウィリアム・ベートソンは、遺伝学の創始者の一人として記憶されている。そうなるよりずっと前、大学を出てまもない若きベートソンは、ギボシムシの解剖形態について一連の論文を出版している。当時、海産無脊椎動物ギボシムシの進化系統上の位置は未解明だった。ベートソンの研究は、かなりの賞賛をもって受け入れられたが、彼は「進化はどのように働いているのかについて、その研究ではほとんど明らかになっていない」と言って満足することはなかった。彼は母親への手紙で次のように書いている。

これから五年の後には、その研究について誰も考えもしないだろうし、無視されても仕方がないだろう。私たちが知りたいことについて何もないのだから。私にとっては、それが最高値で売れて、一瞬だが幸運だった。

ベートソンが本当に知りたかったのは、変異は種内でどのように生じるのかだった。そこで彼は次の八年間、動植物における変異を記載することに没頭し、一八九四年に、彼の代表作である『変異研究資料』を出版した。この著作には優れた点がいくつもあるが、とりわけ優れているのは、ベートソンが非常に変わった変異について議論したことだ。それは、動物の体のある構造が、別の場所にあるはずの構造で置き換わる、たとえば、目があるはずのところに触角が生えるというような変異だ。このような奇妙な変異（ホメオティック突然変異とよぶ）は、一九一五年にカルヴィン・ブリッジスが、ショウジョウバエでそのような変異が子孫に受け継がれることを示すまでは、ほとんど珍奇なものでしかなかった。

遺伝することが鍵なのだ。遺伝するなら、遺伝子を指し示しているのだから。つまり、その変異が示すところは、体の各部分に対して適切に発生を指示するような遺伝子があるにちがいないということだ。そのような遺伝子の一つにまちがいが起こる（つまり突然変異が起こる）と、その指示が誤って解読されてしまう。すると体のある場所が、あたかも別の場所のようになってしまうのだ。

最初に見いだされた遺伝するホメオティック突然変異をもつ個体では、翅あるいは翅の一部が、本来生えてはいけない場所に生じた。この突然変異体は、ブリッジスによってバイソラックス ***bithorax***（双胸）と名づけられた。バイソラックス突然変異体のような奇異な変わりものは、このうえなく劇的すぎて進化のなかでの役割（それがどのようなものであれ）を全うすることはできない。言いかえると、そのような解剖学的な大変化が起こったら、そのハエは自然界では生存していけないだろう。しかし、そのような突然変異体は「遺伝子がどのようにして体をつくり上げていくのか」を理解する手がかりを与えてくれる。そして「動物の進化はどのように働いているのか」を理解することにまちがいなくつながるのだ。

その後、この発見は遺伝学者エド・ルイスによって取上げられ、大変なエネルギーと辛抱強さで

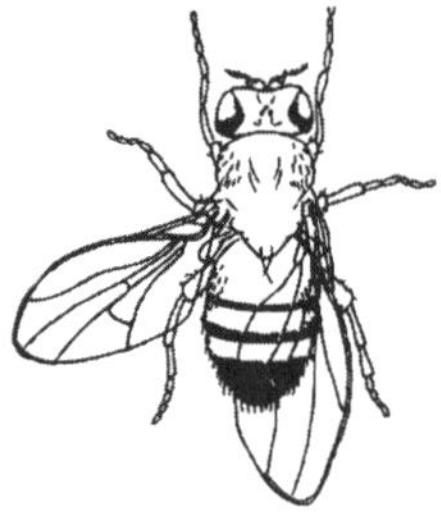

正常なショウジョウバエ

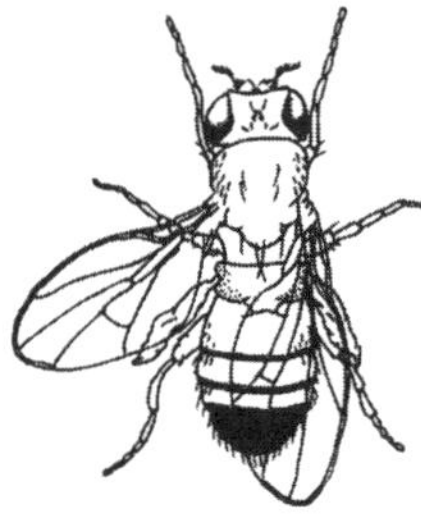

バイソラックス
（双胸突然変異体）

追究されることとなった。ルイスは、後にノーベル賞を授与される所以となった一九七八年の論文を含めた一連の優れた論文で、バイソラックス遺伝子は「孤独」ではないことを明らかにしている。変異によってホメオティック突然変異が起こるような遺伝子は複数あって、それぞれハエの異なった部分に変異を起こす。そしてそのような遺伝子（ホメオティック遺伝子）のすべてが、特定の一本の染色体の中の一箇所にあることがわかったのだ。もう一人の遺伝学者トーマス・カウフマンは、ハエの体の頭部と前方部を支配するホメオティック遺伝子を発見した。その結果、ホメオティック遺伝子の全体像が浮かび上がってきた。ホメオティック遺伝子は、胚の細胞に「体の前後軸に沿ったどの場所にいるべきか」を教える、いわば郵便番号のように働くのだ。

ホメオティック遺伝子の塩基配列が解析されると、すべてのホメオティック遺伝子は、その中の百八十塩基対の部分が、互いによく似ていることがわかった。ホメオボックスとして知られるようになったこの領域は、ホメオティック遺伝子、その後まもなくホックス（Ｈｏｘ）遺伝子と名づけられた遺伝子の分子としての特徴だった。ホメオボックス配列は、キイロショウジョウバエの他の遺伝子にも見いだされたが、そのような遺伝子は、たとえば、キイロショウジョウバエの体節の形成にかかわっているフシタラズ *fushi tarazu* のように、必ず発生の制御に関係しているものだった。しかしすぐに、キイロショウジョウバエをはるかに超える話になった。明らかになる事実の重大さを予期した生物学者は、ほとんどいなかっただろう。

それは一九八四年だった。当時、その研究推進の中心はスイスのバーゼルだった。そこでは、ウォルター・ゲーリングを中心に、ビル・マクギニス、マイク・レヴィン、黒岩厚、エルンスト・ハーフェン、リック・ガーバー、エディ・デ・ロバーティス、アンドレアス・カラスコからなる精力的な研究チームが、生物学の知識の垣根を取り払おうとしていた。マクギニスたちは、ホメオボックスの配列が他の動物から抽出したＤＮＡの中にあるのかどうか、テストしていた。結果は驚くべきものだった。最初の実験で、他の昆虫にあることがわかっただけでなく、おそらくミミズ、貝、そしてマウスやヒトにもありそうだとわかったのだ！　ただちに、カラスコ、マクギニス、ゲーリング、そしてデ・ロバーティスは、カエルのＤＮＡからホメオボックス遺伝子を単離して、脊椎動物が本当にホメオボックス遺伝子をもっているということを証明したのだった。

科学界を震撼させる興奮が駆け巡った。一流誌が新発見を一つひとつ紹介し、熱心な読者が出版された論文を一つひとつ食いいるように読んだ。どの会議もセミナーも、ホメオボックスの話題でもちきりだった。ロンドンでのある会合でのこと、そこでは誰かが発生を制御する新しい遺伝子について報告したとき、最初の質問は「その遺伝子には……魔法の言葉を言いましょうか」だったのを思い出す。また、何人かの科学者が、自分の本来の仕事をやめてホメオボックス遺伝子に関する仕事を始めた事例さえ知っている。

ホメオボックスの発見、そしてホメオボックス遺伝子がハエとカエルくらい離れた動物に見いだされたことから、革命が始まったのだ。一九八四年より前には、ほとんどの動物で、体のパターン化は、遺伝子によってどのように制御されるのか、本質的には何もわかっていなかった。ホメオボックス遺伝子は、その問題へ至る新しい道筋となるかもしれない。この推測に触発されて、ジョナサン・スラックはホメオボックス遺伝子の発見を古代のロゼッタストーンの発見になぞらえた。それは一七九九年にエジプトで発見され、そのおかげで古文書間の翻訳・解読が初めて可能になったことで知られる。これと同じように、広範に異なった動物種間で、胚発生の制御を比較する手段が得られた、と誰もが思ったわけではないが、そのような楽観的な見方に、十分な根拠があることが明らかになっていった。

カエルやヒトなど、脊椎動物のホメオボックス遺伝子の多くのものが、ショウジョウバエのホメオティック遺伝子（より正しくはホックス遺伝子）と本当に同等だった。それらの遺伝子は本質的に同じ役割を果たしていた。私たちのホックス遺伝子は、ハエのものと同様に、ヒトの細胞に対して、郵便番号のように、頭-尾軸に沿ってどこにいけばよいのかを教えているのだ。

進化生物学にとっては、その影響はきわめて大きかった。もし、脊椎動物と昆虫がともにホックス遺伝子をもっているのなら、すべての左右相称動物がホックス遺伝子をもっているに違いない。脊椎動物も昆虫も、その遺伝子を前後軸に沿った位置を指示するのに使っているとしたら、この仕組みもまた左右相称動物の起源にまで遡って存在するはずだ。

こうした論述は自信をもってすることができる。その根拠は、単純に、ハエとヒトの共通祖先は、脱皮動物、冠輪動物、新口動物の共通祖先でもあるから、ということだ。左右相称動物の一つである無腸動物は少しだけ早く分岐した可能性があるが、最近の研究によれば、この動物でもホックス遺伝子が同様に働いていることが示唆されている。したがって、動物界のうち、明確に異なる前方部と後方部を備え、三次元空間世界を活発に探険している二十九門の動物のすべてが、同じ遺伝子を使って、頭-尾という主軸をパターン化しているのだ。

背と腹、左と右

他の二つの体軸、背と腹、左と右についてはどうか。ここでもまた、細胞が確実に自分の居場所がわかるようにする遺伝子が見いだされている。さらにホックス遺伝子でわかったのと同様に、非常に異なった左右相称動物でも本質的に同じ遺伝子を使っている。ただし、使い方に興味深い違いがあることもわかっている。

ハエの胚では腹側の細胞は神経索をつくる。そこでは *sog* という遺伝子が重要な役割を果たしている。背側の細胞は表皮をつくる。腹側と反対の発生運命は、*dpp* 遺伝子によって制御されている。

脊椎動物にも、異なった名前でよばれているが、*sog* と *dpp* がある。脊椎動物の *sog* 遺伝子（*chordin* とよばれている）は、背になる側で発現している。そこには神経索がある。一方、*BMP4* 遺伝子は、脊椎動物の*dpp*遺伝子の一つだが、腹側で発現している。このように方向という観点でみると、脊椎動物は単純にハエと真逆になっている。これらの遺伝子をさらに多くの動物で比較すると、多くの動物ではハエと同じ方向性で発現していた。ひっくり返っているのは、私たちの属する門、脊索動物門だけだった。

左右軸の進化についてはよくわかってはいないが、少なくとも二つの遺伝子、*nodal*と*Pitx*が、巻貝とヒトのように離れた動物で、左右軸の形成にかかわっていることがわかっている。

類似性は、体の方向性だけに限られるのではなく、内部にもみられる。たとえば、脊椎動物で心臓の形成を司っている遺伝子のいくつかは昆虫にもあって、脈打つ筋肉性の管である背脈管（節足動物の心臓）の発生を司っている。また、目が形成される領域を決める遺伝子のネットワークがある。こうした遺伝子の多くは、動物がハエであれ、ミミズであれ、あるいはヒトであることを問わない。動物で同じなのだ。

こうした驚くべき発見を寄せ合わせてみると次のようになる。背と腹を分ける、あるいは左と右とを区別する、細胞に前後軸に沿った位置を知らせる、さまざまな内部構造や感覚器官をつくり上げる、そのような遺伝子システムは、はるか昔に絶えたすべての左右相称動物の共通祖先動物に、すでにあったと思われる。こうした遺伝子とその役割は、何億年もの間保持されてきたのだ。いくつかの変化、あるいは何らかの理由で、私たちの祖先では、背腹が逆さまになってしまったということはあるけれど。

背腹の逆転については、一八三〇年にフランスの博物学者エチエンヌ・ジョフロア・サンチレールが議論している。それは、どちらかといえば夢想的な解剖学的比較、根拠の薄弱な仮想的思考に基づいたものだが、サンチレールは次のように言っている。「哲学的に言えば、動物というのは一つだけである。」彼の考え方は、彼の存命中には決して受け入れられることはなかった。しかし、左右相称動物に限っては、彼は正しかったのかもしれない。

動物の体をつくり上げるのに使われる古くからの遺伝子セットは「発生のツールキット」とよばれることがある。ツールキット遺伝子のあるもの、たとえば *Pitx* とかホックス（Ｈｏｘ）のような遺伝子は、ＤＮＡに結合し、他の遺伝子セットのスイッチを入れる、または切るようなタンパク質をコードする。また、たとえば *nodal* や *dpp* のように、細胞間でシグナルを伝える働きをする分泌タンパク質、あるいは *sog* のように、シグナルの伝達を妨げる分泌タンパク質をコードする遺伝子もある。だが、これらの例はほんの氷山の一角にすぎない。ツールキットには、何百というＤＮＡ結合タンパク質、数十の分泌タンパク質、分泌タンパク質が結合する受容体をコードする遺伝子が含まれるのだ。

こうした遺伝子はすべて、さまざまな左右相称動物にわたって見いだされる。（特定の動物群の進化の間に、ある遺伝子が失われる場合もあるけれど。）遺伝子の果たす役割は、多くの場合、門が異なっても大きく変わることはないが、ある動物群が分岐・進化して、ツールキット遺伝子が別の役割をもつようになった場合もある。ともあれ、こうした遺伝子は、左右相称動物の体をつくり上げるのに使われていた起源の古い遺伝子だ。いつそのような遺伝子は出現したのだろうか。発生を司るツールキットの進化は、動物の進化の最初期の段階について何かを教えてくれるのだろうか。

カイメン、板形動物、刺胞動物、クシクラゲなどの非左右相称動物のゲノム配列を探っていくと、豊かな図が現れてくる。重要な遺伝子はどの動物にもあるが、そうではないものがいくつかある。左右相称動物に最も近い非左右相称動物であるかもしれない刺胞動物は、ほとんどのツールキット遺伝子をもっている（ホックス遺伝子は少数だが）。刺胞動物以外の動物門では、より多くのツールキット遺伝子が失われている。たとえば、カイメンには全くホックス遺伝子がない。動物から外へ、襟鞭毛虫にまで踏み出してみると、もっと大きな違いがあることがわかる。多くのツールキット遺伝子がないのだ。結論は明らかだ。

動物の体をつくり上げるのに必要な遺伝子の基本セットは、多細胞性が生まれたころに進化した。この遺伝子セットは、それからさらに動物の進化の最初期に拡充し、精巧なものとなっていった。そして、約五億年前、左右相称動物の出現までには、発生を司る多数の遺伝子を含むツールキット遺伝子セットが準備されていたのだ。現在、それらの遺伝子は、冠輪動物、脱皮動物、新口動物の三大分類群を含むすべての左右相称動物に属する膨大な数の動物種の体をつくり、パターン化するのに使われている。

第六章　冠輪動物　――這い回るムシ――

この世の歴史上、こうした下等・単純な動物が果たしてきたほどに、重要な役割を果たしてきた動物がほかにあるのかどうかは疑わしいだろう。
チャールズ・ダーウィン
『ミミズによる野菜栽培土の形成』一八八一年

環形動物――生きた鋤、医用吸血器

チャールズ・ダーウィンは、亡くなる一年前に最後の著作を発表している。それは大層好評で、少なくとも最初のころは『種の起原』よりも売れゆきがよかった。思いがけないベストセラー『ミミズによる野菜栽培土の形成――ミミズの習性に関する観察』には、中断を含めながら四十年以上にわたってダーウィン自らが行った研究から得られた考察が述べられている。

当時ダーウィンは、孫ができて歳を感じ、彼の言葉を借りれば、「土に入ってミミズと仲間になる前に」ミミズに関する発見を出版したいと強く願っていた。その著作の最も重要な結論は次のようになる。ミミズは、よく手入れされたヴィクトリア風の芝生の上の醜い厄介者として蔑《さげす》まれるべきではない。それどころか、ミミズは健全な土壌に必須な「生きた鋤《すき》」だ。

ダーウィンは、さらに次のようなことを記している。ミミズは地中の落ち葉のような有機物を鋤く。ミミズのつくるトンネルは土壌に空気を送り込み、水はけ路となる。ミミズの活動によって土壌が混合される。そのため土は固く締まることがなく、植物の生育が促進される。ミミズのおかげで、岩や石が摩耗することによって地質学的な影響を及ぼす、あるいは古代の遺物を埋めることによって考古学的な影響を及ぼすことさえある。

ミミズは環形動物門に属する。この動物がなぜ右に述べたような影響を及ぼすのか、その体の解剖学的構造が鍵となる。環形動物は、体の一端に口、もう一端に肛門がある。柔らかい体で、筋肉が発達しており、体を伸ばすことができる。さらに、体に沿って液で満たされた一連の空間（体腔）があって、内部の液圧によって体の硬さをきわめて柔軟に変化させることができる。こうした特徴のおかげで、土壌の間隙に体を押込み、トンネルを掘ることができ、消化管に土を通すことによって土壌を動かすことさえできる。しかし、こうしたプロセスに最も重要な環形動物の特徴は、疑いの余地なくその体が節に分けられることだ。それは、一目でわかる明らかな特徴で、そのために環形動物に対して「分節したムシ」という通称があるくらいだ。体が節に分かれ、それぞれの節が筋肉、体腔をもち、神経支配を受けるおかげで、ミミズは体の何箇所かを収縮させて長く細くなり、同時に他の部分を前後軸方向に縮めて短く太くなる。太くなった部分で体をしっかり固定し、細くなった部分で裂け目を探って進む。そして頭から尾に向けて波状に収縮して、土壌の中で体を前に押し進めるのだ。

一万五千種以上の環形動物が知られているが、その大部分は陸ではなく、海水あるいは淡水に生息している。それらの進化・多様化を通じ、一貫して分節性が重要な鍵となっている。たとえば、ある種の海産捕食性のゴカイは、体の一部の節の左側を収縮させ、別の部分では節の右側を収縮させて体を左右にうねらせる。この速く統制のとれたうねりでゴカイは速く前進することができ、獲物を追いかけて捕らえることができる。一方、環形動物には活動的でないもの、固着性で巣穴あるいは管にすみ、海水から小さなものを濾しとって生きているものもある。だが、このようなものでさえ、分節性をきわめて有効に使っている。協調した収縮（波状収縮）によって、巣穴あるいは管から海水を除去し、酸素を含む新鮮な海水を取込んでいるのだ。

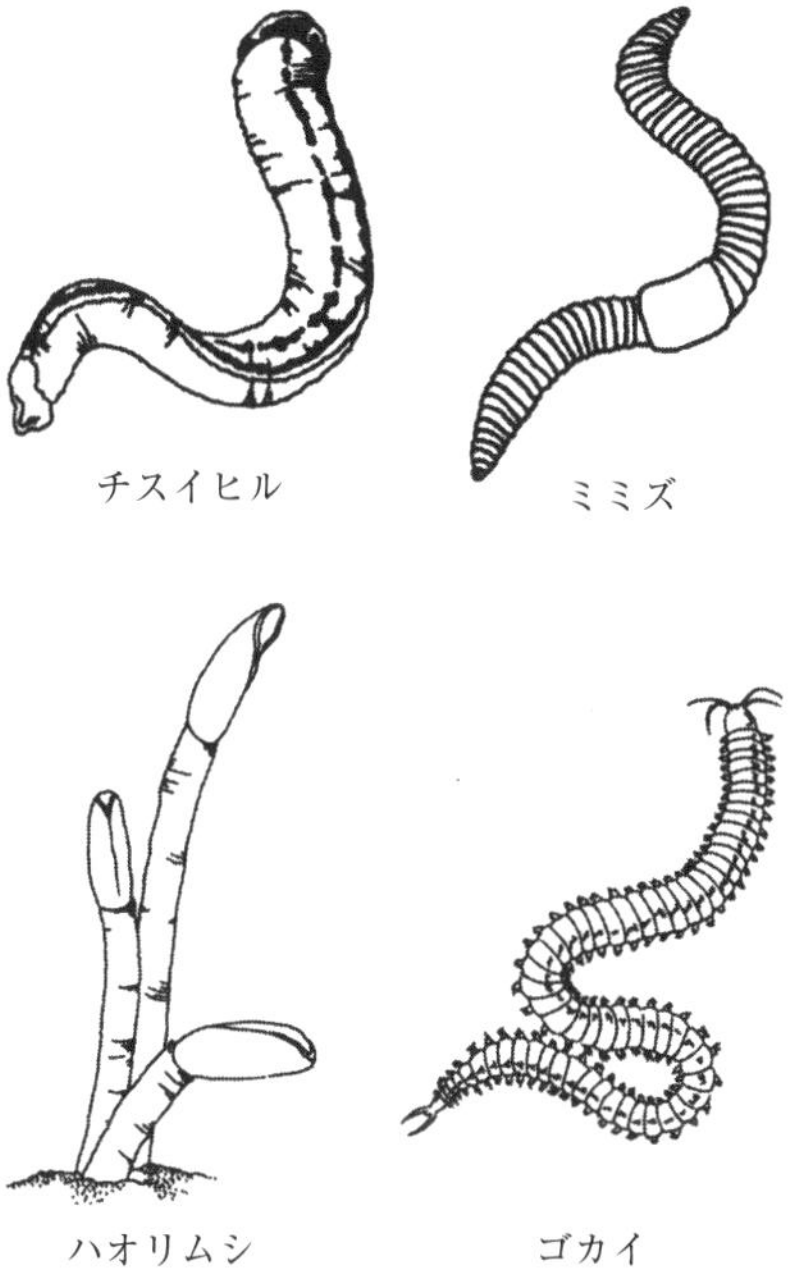

環形動物

しかし、環形動物のなかには、もっともな理由によって分節性だけが失われているよく知られた一群がある。それはヒル綱のヒルだ。ヒルのあるものは捕食性で、小さな水生無脊椎動物を餌食にしている。また大きな動物にはりついて、その血液を吸って生きているものもいる。こうした寄生性のヒルは強力な吸盤で皮膚に付着し、強力な血液凝固阻害因子を注入して血液が固まるのを阻止し、三枚刃のような顎で皮膚を切り削ぐ。餌の供給原となるウマ、ヒツジ、魚、あるいはヒトの足などとは滅多に出会えないため、ヒルはひとたび機会を得ると大量の食餌ができるように適応している。そのような適応の一つとして、分節性に影響が及んでいる。ヒルは水生の環形動物から進化したのだが、体節に分けている体内の壁（隔壁）を失った。このためヒルは、大量の食餌をしたとき、風船のようになるまで体を引き伸ばすことができるようになった。こうした体の進化の不利な側面としては、ヒルはミミズやゴカイのようにうまく波状収縮をすることができない。多くの種は、あまり効率のよくないループ状の動きをする。

ある種のヒルは人に痛みを感じさせることなく血液を吸う。その能力は、何世紀にもわたって医療に利用されていた。二千年もの昔、ギリシャ人の医師、ラオディケアのテミソンは、ヒルを瀉血《しゃけつ》に用いることを記載している。その慣習は、一九世紀になってもなお世界の多くの場所で残っていた。ヒルは、悪い血液を除去し、不均衡体液を整える方法として使われていた。不均衡体液は、多くの病気の原因（本当の原因は不明だった）とみられていた。そもそもヒル（leech）という言葉は、アングロサクソン語の医師あるいは治療を意味する「loece」に由来するのだ。

一八、一九世紀には、ヒルの需要は大変なものだった。大型の医用ヒル *Hirudo medicinalis* の自然生息群は、過度に採取されたために、ヨーロッパではいまでも希少種だ。多数のヒル牧場がつくられたが、需要についていくことはできなかった。これは驚くにはあたらない。というのは、一八三〇年代まで、毎年四千万匹のヒルがフランスに輸入されていたのだから。

ヒルの利用は、歴史のなかの医療に限られているわけではない。近年、それは驚くべき利用法として復活している。現代の外科で、組織の再結合・修復の微小手術中によく起こる合併症として静脈不全がある。それは、外科医が動脈の修復には成功したが、ずっと小さくて血管壁の薄い静脈を修復できなかったときに発症する。結果として、つないだ組織の中で血圧が増大してしまう。そのようなときにヒルを使うのだ。ヒルに余分な血液を吸わせ血液凝固阻止因子を注入させることによって、組織に自然治癒する時間的余裕を与え、症状を寛解させることができる。この技術は、まぶた、耳たぶ、ペニス、指、足指の再結合・修復手術で用いられ、成功を収めている。

さらに三つのムシグループ、これらはかつて分子生物学的解析が行われるまでは個別の門に位置していたものが、環形動物に加えられている。ユムシ（ユムシ動物）、ホシムシ（星口動物）、ハオリムシ（有鬚《ゆうしゅ》動物）の三つだ。最初の二つは体が分節していない。進化の過程でヒルと同様に、しかしもっと進んだ形で、その特徴を失ったと考えられている。ハオリムシも長い間、分節はないと考えられていた。ところが一九六四年に海底から採取された標品のいくつかに、分節した短い尾（後胴体部）があったのだ。それまでの記載は、不完全な標本に基づいていたことが明らかになった。ハオリムシの多くは、泥の巣穴にすみ、体長数センチメートルほどの信じがたいほど細長い動物だ。しかし、なかには大洋の深海で岩に屹立する巨大な管をつくるものもある。

巨大な管にすむムシ *Pogonophora* が最初に発見されたのは、一九六九年、メキシコのバハカリフォルニア沿岸の沖合で、米国海軍が深海底調査艇を使って調査していたときだった。その動物*Lamellibrachia barhami*は、体長六〇〜七〇センチメートルで、それまでに知られていたすべての有鬚動物が小さく見えてしまったが、その数年後には、さらに巨大なものが発見された。

最もよく知られている発見は、一九七〇年代後半になされた。地質学者たちが深海潜水艇アルヴィン号を使って、ガラパゴス諸島に近い海底の火山活動を調査し始めたときだった。そこでは、硫化水素のような有毒化学物質を含んだ熱水をはき出す多数の火山性の岩の煙突が発見された。驚くべきことに、そのような環境でも生命が見いだされたのだ。そこには、一・五メートルにもなろうかという巨大な環形動物の棲管が林立していた。その動物、ガラパゴスハオリムシは、鮮紅色の冠で飾られており、深海艇の窓越しに衝撃的な光景が広がっていた。

ガラパゴスハオリムシなどの有鬚動物すべてに共通する興味深い事実のひとつに、非常に重要な体の要素が欠けていることがあげられる。これらの動物には腸も口も肛門もない。したがって、何かを食べる手段がないのだ。深海で管にすむムシがどのようにして生きているのかを知る鍵は、その体の中に見いだされる。そこには栄養体部とよばれるユニークな器官があって、その中に何百万という生きた細菌が詰込まれている。その細菌は、通常は有毒な硫化水素をエネルギー源として、栄養となる有機物を化学合成するタイプのものだ。化学合成は植物の光合成と似た反応だが、太陽からのエネルギーではなく、化学結合に由来するエネルギーを利用する。体内に細菌農場をもっているので、彼らは食べる必要がない。暗い深海で管にすむムシは農家なのだ。

扁形動物と紐形動物——平たいムシ、ゆっくり動くムシ

ムシのすべてが環形動物門に属するというわけではない。ヒラムシ、吸虫、サナダムシは、別の門である扁形動物門に属する。環形動物と違って、扁形動物の体内には全く腔所（体腔）がない。扁形動物は、どちらかといえばしっかりとした動物で、環形動物のように体をくねらせたり、よじったりすることはない。というのは、扁形動物では、筋肉のブロックは個々の体節に分割されていないからだ。また、体液で満たされた腔所がないということは、筋肉が体を曲げようとするときに、硬いものは全くないことを意味する。

扁形動物は、体の縁に沿って小さな筋収縮を波状に送って、あるいは、小さなものでは、細胞の表面から突き出た繊毛を使って動く。そして血液循環系や鰓といえるものはない。このことは、扁形動物は、酸素を細胞に供給するのに単なる体表からの拡散に依存していること、したがって、この動物群の多くのものは小型で扁平な形に限られてしまうことを意味している。ヒラムシは小川や川で小さな石をひっくり返せば容易に見つけることができる。そこには、体長、数ミリメートルから一センチメートル、楕円形の体がゆっくりとだが着実に動いて、藻類やゴミを食べている。

しかし、扁形動物のすべてが、人畜無害な生活を送っているのではなく、歓迎されざるものもいる。なかでも重要なものは、マンソン住血吸虫だろう。現在二億人以上が住血吸虫症を罹患している。その症状はさまざまだ

ヒラムシ（扁形動物）

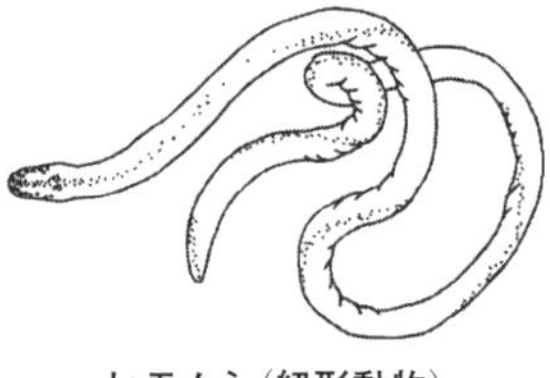

ヒモムシ（紐形動物）

が、内臓に障害を与え、ときには死に至ることさえある。多くの吸虫と同様に、寄生性の住血吸虫は、その生活環を完結するために異なる二つの宿主を必要とする。淡水産の巻貝の中で発生したマンソン住血吸虫の幼生は、川の中に放出され、二つ目の宿主（通常それは人だ）を探し、その皮膚に食い入る。

分節のないもう一つのムシは、紐形動物門（ヒモムシ）で、海岸の岩の下にふつうに見られる。ヒモムシは流れの緩やかな水路で生活している。ゆっくりしたペースで這い回り、あまりエネルギーを使わない。彼らもまた、液で満たされた大きな腔所をもたないために、ちょうどチューインガムのように体を伸ばして曲げることができる。ヒモムシは緩慢に動く生活様式にもかかわらず、多くの場合、旺盛な捕食者で、粘着性または毒性をもつ銛《もり》を備えた長い吻《ふん》を使って他の無脊椎動物を捕らえて食べる。多くの種はほんの数センチメートルの体長だが、英国産のヒモムシ *Lineus longissimus* は地球上で最も長い動物だと、真面目に主張されることがある。シロナガスクジラとほぼ同じ三〇メートルに達するものは確実にあり、さらに五〇メートル超のものがあったといわれている。しかし、こうしたモンスターでさえ、体の幅は決して数ミリメートルを超えることはない。

軟体動物――イカから巻貝まで

最大の無脊椎動物という栄誉は、一般には別の動物門、軟体動物門のメンバーに与えられている。それは巨大なイカ、ダイオウイカだ。

それはものすごい動物だ。ダイオウイカはたったの一三メートル程度までしか成長しないので、長さではヒモムシに遠く及ばないかもしれない。しかし実体積では、イカなる文句もなく勝っている。ダイオウイカは、ずんぐりした体、吸盤を備えた八本の足、ぎざぎざの歯のついた吸盤が先端にある触手をもっており、大洋の深海にすんでいる。最近、日本の博物学者の窪寺恒己が写真撮影と動画撮影に成功しているとはいえ、私たちの知識の大部分は、海岸に打ち上げられた、あるいは偶然にトロール船で捕獲された標品によるものだ。

ダイオウイカを巡って、古い神話や怪物「クラーケン」伝説があるが、実際に巨大イカが船を攻撃したと思われる事例が、一九三〇年代のノルウェーの艦艇ブランズウィック号の日誌に記されている。また、フランスの三胴艇ジェロニモ号が、二〇〇三年のジュールベルヌ杯争奪レースに参加中に、巨大イカに遭遇している。クルーの一人の言によれば、その触手は「私の腕と同じくらいの太さ」だったという。

イカが泳いでいる人を襲ったという話は、別の種で、ずんぐりして二メートルにも達するアメリカオオアカイカの可能性が高い。この手強い捕食者は大群で狩をし、魚やその他の泳いでいる獲物をすばやく獰猛に攻撃する。ダイバーが、アメリカオオアカイカの群と一緒に泳ぐときには防具を着用することにしているというのは、驚くに当たらない。

タコ、コウイカとともに、イカは、軟体動物の主要な一群である頭足類に属する。彼らを有名に

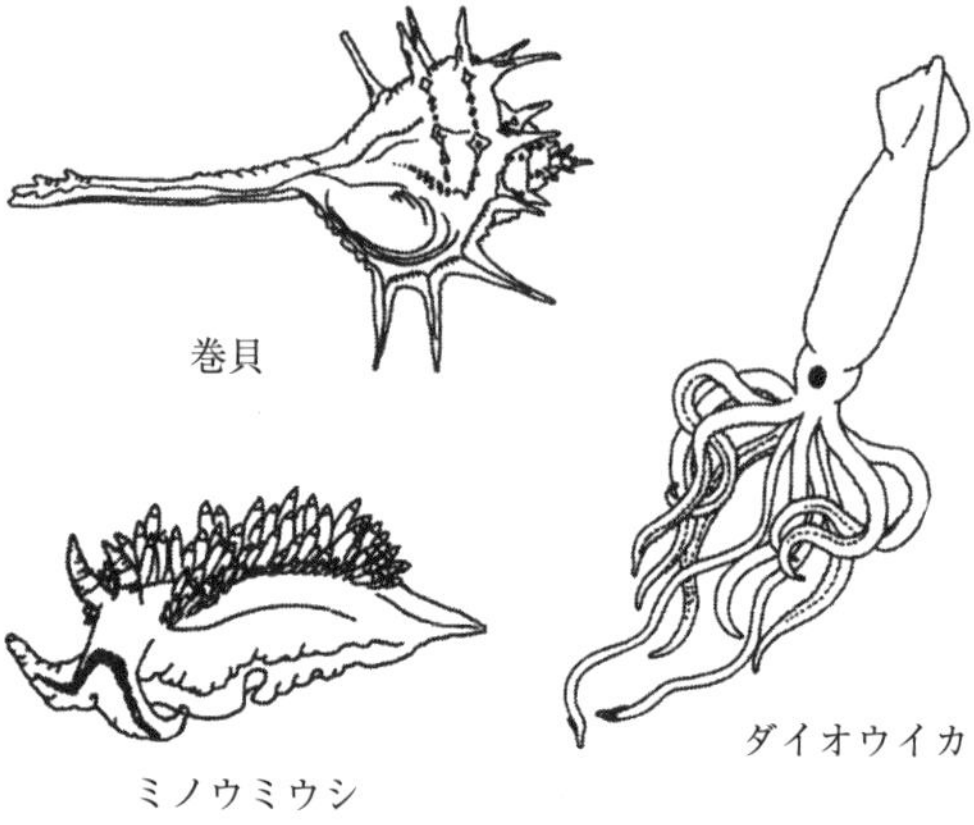

軟体動物

しているのは大きさだけではない。特にタコは、おそらく無脊椎動物で最も認知能力が発達しているだろう。タコの脳は大きくて複雑、その視力は鋭く、たとえば空間的記憶能力をテストできるようにデザインされた迷路のようなパズルさえ解けるのだ。

大方の頭足類は殻をもたないが、軟体動物の大部分は、はっきりとわかる殻をもっている。殻は外套膜という特別な細胞層によって分泌された、炭酸カルシウムの微小レンガから構成されている。主要な役割は捕食者から身を守ることだ。巻貝のような腹足類は、背に殻を背負って、その内側にデリケートな内臓の大部分を隠している。そのように殻は役立つにもかかわらず、腹足類のなかには、進化の過程で完全に殻を失ったものもいる。その多くには、別の防御方法が見いだされる。陸生のナメクジは、ある種の捕食者を躊躇させるまずい粘液を分泌している。殻がないことが有利に働く場合もある。巻貝と異なって、低カルシウムの環境でも繁栄することができるからだ。

陸生のナメクジや巻貝と系統的に離れた海産ナメクジのなかには、さらに驚くべき防御の方法を進化させている一群がある。ミノウミウシの仲間は、イソギンチャクのような刺胞動物を餌にしている。彼らは刺されることなく、刺胞（刺す細胞小器官）を働かせないまま集めることができる。集められた刺胞はリサイクルされてミノウミウシの背面に生えている細い葉状の組織に装備される。こうしてミノウミウシの仲間は、毒のある小さな銛を発射する武器を、イソギンチャクやクラゲから盗用して武装しているのだ。

軟体動物の第三の主要グループである二枚貝は、二つの殻をもっている。カキ、ハマグリ、ムール貝がよく知られた例だ。彼らの生活様式は、どれも同じようだ。二枚の殻の間に体を隠し、何千もの繊毛で覆われたW形をした鰓をもち、繊毛を打つことによって新鮮で酸素を多く含む水を吸込む。この水流が、顕微鏡サイズの藻類など、餌となる小粒子を口に向けて運ぶ。

軟体動物は、何千年にもわたって人類の重要な食源となっている。軟体動物は食用以外にも利用されてきた。大プリニウスとアリストテレスはともに、軟体動物からとれる有用な色素、特にティルス紫について記載している。ギリシャ、ローマの高貴な人々の職服を色どったこの鮮やかな紫は、海産腹足類のシリアツブリボラの身を塩と混ぜて得られた抽出液に熱を加えて得たものだ。軟体動物のなかには、人に有害な影響を及ぼすものもある。淡水産の巻貝、ヒラマキガイは、ビルハルジア寄生虫の中間宿主だ。さらに、軟体動物のなかには、ヨーロッパの歴史を変えたものさえある。一五八八年、スペインの艦隊が当時の英国君主エリザベス一世を打ち負かそうと英国に向かった。このときのスペイン艦隊の敗北はよく記録にとどめられているが、おそらく功績のすべてが、海軍提督フランシス・ドレーク卿に帰すわけではなさそうだ。スペイン艦隊は、戦闘に出かける前、何カ月もの間、リスボン港に繋留されていた。そのときに、木製の船体は、木に穴をあける二枚貝 ***Toredo navalis*** にたかられていたのだった。この軟体動物こそ、悪名高いフナクイムシだ。細長い体の先端に二枚の殻が小さな板となっており、それを使って食料（木材）に穴をあける。無敵艦隊は、船体の材木が穴だらけになって、戦闘が始まる前に、すでに致命的に弱体化していたのだ。

そうしたフナクイムシの習性のおかげで、歴史上有名な船は、今日ほとんど残っていない。例外的に、一六二八年にバルト海に処女航海に出て沈没したスウェーデンのガリオン船（軍船）ヴァサ号は、よく保存されていた。ヴァサ号の沈没したバルト海は、フナクイムシが生息するには塩分が不十分な場所だったのだ。

右であげた動物門（環形動物、扁形動物、紐形動物、軟体動物）は、冠輪動物の一部だ。冠輪動物（Lophotrochozoa）は、系統樹の巨大な一枝だ。その名の中の「trocho」は「トロコフォア trochophore」に由来する。トロコフォアは、プランクトンの一形態で、右の動物門の全部ではないが、一部にみられる（最もわかりやすいのは、海産の環形動物と軟体動物）。トロコフォア幼生は、よく小さなコマと記述されるが、トロコフォアは実際には回転していないので、洋ナシのほうがより適切な表現だろう。

「Lophotrochozoa」の中の「lopho」の部分は「触手冠 lophophore」を指している。これは冠に触手をつけたような変わった形の餌をとる構造だが、右に述べた動物門はどれももっていない。触手冠は、それ以外の這い回るムシのようには見えない三つの動物門の動物に見いだされる。その動物とは、殻をもった腕足動物、あまり見かけない箒虫《ほうきむし》動物、小さな外肛動物（コケムシ）だ。

コケムシは、大きな海藻の葉の上でマットのような群体としてふつうに見いだされる。動いている触手冠をみる一番簡単な方法は、ケルプ（ワカメ、コンブのような海藻）を調べてみることだ。ケルプを潮だまりの中で洗い出し、その表面に付着している白いマットを、低倍率の顕微鏡あるいはルーペで見るとよい。白いマットを海水の中に入れて数分もたたないうちに何百という小さなコケムシが、餌となる小さな粒子を捕らえようとして繊細な触手を動かし始めるだろう。

ＤＮＡの塩基配列の比較によって初めて、触手冠をもった動物が動物界のなかで同一のグループに入ることがわかった。この冠輪動物は、左右相称動物のもう一つの大きなまとまりと姉妹の関係にある。そのまとまりが脱皮動物だ。

第七章　脱皮動物　――昆虫と線虫――

よい近似をするなら、すべての種は昆虫となる。
ロバート・メイ
『Nature』三二四巻五一四頁　一九八六年

昆虫――陸の主たち

どれくらいの種類の昆虫がいるのか、誰も知らないだろう。その数の推定としては、数百万から三千万超にまで及ぶ。少なくとも八十万種が記載され、公式に命名されているが、この数でさえ正確かどうかわからない。というのは、全部を網羅するリストは、未だかつてとりまとめられたことがないからだ。さらに、記載された種でも、多くの場合、地理学的な分布、生態、そして行動については未知だ。それにしても、昆虫はなぜそんなに種類が多いのだろうか。これは簡単に答えられる問題ではない。けれども、その答には、多くの生態的ニッチ、そして、特に熱帯での植物種の膨大な多様性と合わせて、食物となる植物にすぐに適応することができるボディプラン（体制）がかかわっているのだろう。陸生の昆虫は、動物の進化の初期、約四億年前に出現した。以来、現在に至るまでの長い時間をかけ、陸生の植物の進化と並行して、昆虫の膨大な多様性が生じた。

昆虫は優れた陸生動物だ。彼らは節足動物門の一員だが、他の節足動物と同様に、硬い外骨格

（体を大きくするには脱皮する必要がある）と一連の関節でつながった脚（移動と食餌に使われる）をもっている。彼らの祖先は海にすんでいたが、過酷な環境に適応できる手段を進化させた。その環境とは、高温になりがちで、水分量が厳しく制限されがちな、私たちが陸とよんでいるところだ。海水中、陸上を問わず、外骨格は本来、体を支持するものだが、昆虫の場合、外骨格のクチクラは、最外層にワックス成分が加わることによって完全防水になっている。これにより、体の外表面からの蒸散による水分の喪失を防いでいる。このことは問題解決の一部にはなっているが、それでもなお、水を失いがちな二つのプロセスが残されている。

まず、動物は酸素を獲得し、二酸化炭素を排除しなければならない。気体の拡散の物理によれば、この過程は濡れた表面を通して行うのが最も効率的だとされる。濡れた表面を外界にさらし、外骨格の長所を損なうのを避けるため、昆虫は、クチクラで縁取られたひとつながりの気管とよばれる管を進化させている。この管は、体の外側にあって開閉できる小孔から、体の内部を曲がりくねって分岐し、組織内に入り込んでいる。ここではクチクラの覆いはない。まさに必要な場所でガス交換が可能だ。

次に、すべての動物は、窒素を含む老廃物を廃棄する必要がある。タンパク質の代謝の過程で生じる窒素を含む老廃物は、細胞に害毒を及ぼしうる。ヒトを含む多くの動物では、そのような老廃物（アンモニア、尿素）を水で希釈し、尿として排泄している。この方式では、老廃物は処理できるが、水を大量に失うことになる。昆虫は、異なった代謝経路をもっていて、老廃物として尿酸をつくる。尿酸は結晶化して固体になる（アンモニア、尿素は水溶液）。そこで昆虫は、腺を利用して効果的に水を再吸収して、老廃物を固体の尿酸として排泄する。また、尿酸は毒ではないので、多くの昆虫は、その一部を特殊化した細胞にたくわえている。尿酸を利用している種もある。オオモンシロチョウのようなシロチョウ科のチョウの白い色は、翅の鱗粉にたくわえられた尿酸による。

節足動物門のすべての動物に共通する明らかな特徴は体節だ。体の動きに関係する筋肉、神経も含め、体の主要素のほとんどは、体の全長にわたって連続的に繰返されている。体は一揃いのユニットに分割されているかのようだ。このような体の構成は、分節をもつ環形動物と似ているが、長い間信じられてきた見方に反して、これらの二つの門は系統的に全く近くはない。環形動物は冠輪動物に、節足動物は脱皮動物に属する。

節足動物では、分節性は硬い外骨格にも及んでいるため、体を捻る、あるいは動かすのに、硬い分節どうしをつなぐ柔らかいクチクラの関節が必要だ。関節がなければ、硬い鎧の外套に包まれて動くことはできないだろう。昆虫では、分節のパターンはさまざまに修飾を受けて、驚くべき適応性を支える基礎の一部となっている。体の全長にわたってほとんど同じ体節が並ぶ代わりに、体節のいくつかが融合して三つのおもな単位（合体節）となっている。第一に、六あるいは七の体節が合わさってできた頭部があり、そこには主要な集中神経系、感覚器、そして食餌のための複合構造がある。自在に曲がる首の関節の後方には、三つの体節からなる胸部があり、各体節には関節をもった一対の脚がある。さらに多くの昆虫では、胸部の第二、第三の部分（第二、第三胸節）に各一対の翅がある。そして最後に、八から十一の体節が合わさってできた、そしてあまり厳密にはいえないが、脚のない腹部があり、消化管、生殖器官、そして排泄器官をそっくり収めている。働きのうえでは、頭部は食餌と知覚にかかわり、胸部は運動、そして腹部は代謝と生殖にかかわっている。この機能の分担によって、体の各部分はそれぞれの役割に最適化されることになった。

空を制する――翅と飛行

自律的な飛行能力は、地球の生命の歴史でたったの四回だけ進化した（鳥、コウモリ、翼竜、昆虫）。無脊椎動物で飛ぶのは昆虫だけだ。そして、地球上で飛行する動物のなかで、最も多数で多様性に富む動物でもある。飛行は、疑いの余地なく、昆虫の繁栄を理解する鍵となる。

昆虫が二対の翅を進化させたのは、ちょっと謎な点はあるが、興味あることだ。二対は一対よりいいのだろうか。結局のところ、鳥とコウモリは、羽を一対だけもつようになった。（恐竜のなかで、鳥の祖先と関係するようなものでは、羽毛は腕と足の両方にあったかもしれないが。）羽の数の違いは、脊椎動物の胚発生のしくみと関係があるのかもしれない。コウモリや鳥のような脊椎動物では、二対しか肢をもてないようになっているといういくつかの証拠がある。もし、一対が歩行に必要とされるなら、もう一対だけが飛行に残されることになる。これに対して昆虫では、翅は脚から進化したものではないため、そのような制約はない。だから第一胸節には脚だけ、第二、第三胸節には翅と脚の両方があってもかまわない。二対の翅をもつことによって、昆虫はさまざまな飛行スタイルさえもてるようになったのだ。

昆虫は三十ほどの目《もく》に分けられる。そのなかには、バッタ（バッタ目）、トンボ（トンボ目）、カゲロウ（カゲロウ目）、ナナフシ（ナナフシ目）、ハサミムシ（ハサミムシ目）、ゴキブリ（網翅目）、カメムシ、タガメ（カメムシ目）、ノミ（ノミ目）が含まれる。しかし、疑う余地なく、昆虫綱中の目のビッグフォーは、記載種の八〇パーセント以上を占めるカブトムシ（コウチュウ目）、チョウとガ（チョウ目）、ミツバチ、ハチ、アリ（ハチ目）、そしてハエ（ハエ目）の四つだ。それぞれ非常に多様化して翅を全く違ったかたちに変えている。

チョウ目の昆虫は二対ともに発達した翅をもっている。ガのなかには、前翅と後翅をつなぐ棘、あるいは突起をもつものがあるが、多くのチョウ目昆虫の翅は、飛行するときには独立して動き、独立に制御されている。翅の形は、翅のような突起のあるトリバガの翅から、南米の *Heliconius* 科ドクチョウのような細長で薄く平たい翅、そしてアゲハチョウの幅広の翅まで驚くほどの多様性がある。

ガとチョウは、はかなく華奢にみえるかもしれないが、なかには頑健で長命なものがある。オオカバマダラは、メキシコ中央部で巨大な群をつくって越冬し、北米を集団飛行して縦断する。それぞれの個体は数百キロメートルを飛ぶのだろうが、ほんの数世代のうちに、彼らの子孫は、越冬地から四〇〇〇キロメートルも離れたカナダにまで到達する。ヒメアカタテハも移動行動でよく知られている。ヨーロッパの動物学者なら、一九九六年と二〇〇九年を忘れることはまずないだろう。

この年、ヒメアカタテハの大群が、アフリカのアトラス山脈からヨーロッパを縦断し、途中で繁殖しながら最終的にスコットランドやフィンランドのような北地にまで達したのだ。

アリ、ミツバチ、そしてハチなどのハチ目昆虫もまた二対の翅をもっているが、通常、後翅の表面にある一列の鉤状構造によってしっかりとつながっている。多くの種が、すばやく、コントロールされた飛行ができるように適応している。そのおかげで、ハチは空中に静止する、あるいは狭い場所にさっと飛び込んで蜜を集めることができる。スズメバチは飛びながら獲物を捕らえ、寄生バチはイモムシ（その体内に卵を産みつける）の傍らに降り立つことができる。

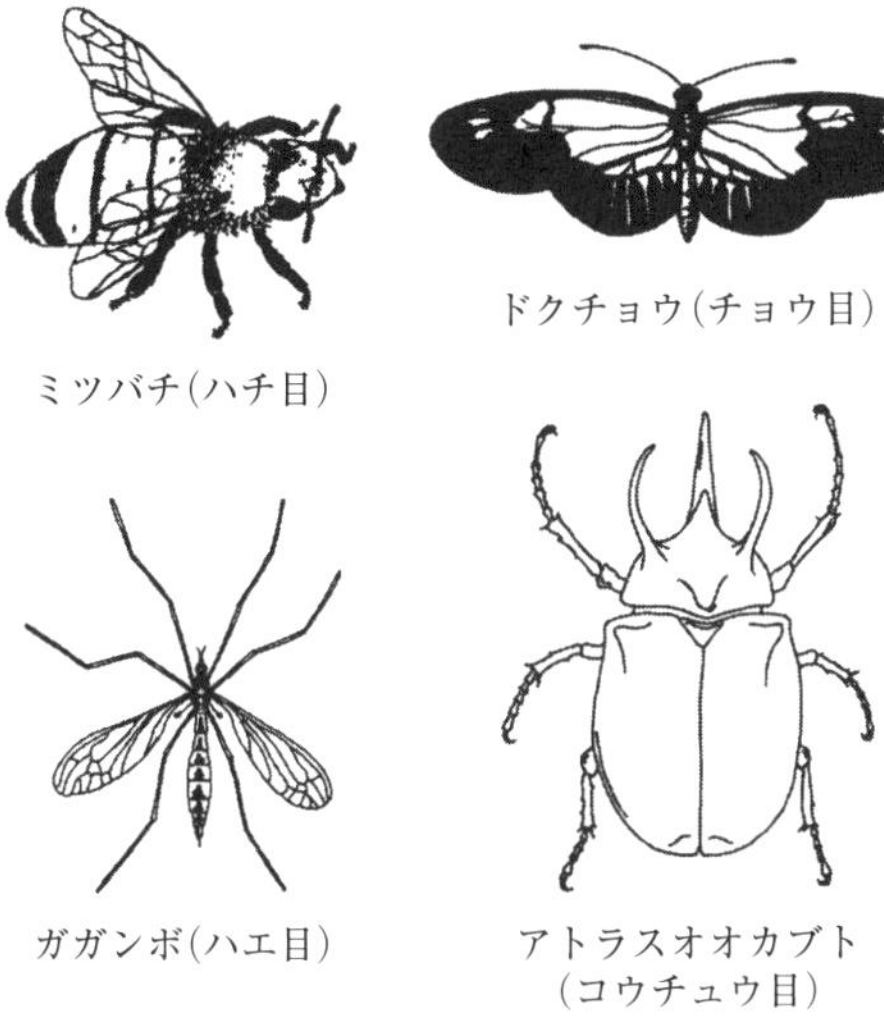

昆虫のビッグフォー

　昆虫のなかで、集団をつくり、さらに労働までも分担してともに生きるように進化したものは、主としてハチ目に属する。たとえば、ミツバチの一つの集団は、一匹の女王バチと数千もの、すべて女王の姉妹である働きバチからなる。たった一匹の雌が産卵を担当し、その他のすべての雌は、食物を集める、巣の清掃と外敵からの防御などの仕事をするというのは、ふつうではないので、少し説明が必要だろう。

なぜ、何百、ときには何千もの働きバチ、アシナガバチや働きアリなどが、繁殖をしないで、他の個体を助けるのに全エネルギーを費やしているのだろうか。なぜそのような状況が進化したのだろうか。答は簡単ではない。よく知られている一つの説明は、ハチ目昆虫にみられる変わった性決定のしくみである「半倍数性による性決定」に基づくものだ。

多くの動物では、雄と雌は、ヒトのX染色体とY染色体のように性染色体の違いによって決まっている。しかし、ミツバチ、アシナガバチ、アリなどでは、雄の染色体は雌の半数だ。これは精子で受精した卵は雌になり、未受精の卵は死なずに雄になるためだ。このちょっと変わった遺伝様式の下では、姉妹(ハチの場合なら、働きバチと女王バチ)が遺伝的に非常に近くなる。実際、ミツバチ、アシナガバチ、アリの雌にとっては、自分の子より自分の姉妹のほうが近縁だ。このことから、姉妹の間で協力することが進化あるいは遺伝的に有利だった、なぜなら働きバチ(アリ)にとっては、女王を助けることが自分自身の遺伝的系譜の存続を促進することになるのだからという説明だ。

しかし、しばしばなされるこの説明には、隠れた問題がありそうだ。それは、半倍数性による性決定の場合、雌は姉妹に比べると兄弟(雄バチ)とのつながりが薄いことだ。このことは、遺伝的な有利性で説明できるということを帳消しにしている。たぶんそうではないだろう。アリ、ミツバチ、ハチの社会性の進化的起源は、風変わりな遺伝様式にはあまり関係がなく、むしろ近縁者が資源をともに守ること、長い間、子の世話をすることになっている繁殖様式に関係していると思われる。ハチ目昆虫のように、前翅と後翅がつながっているということは、二対は実際のところ、同じ機構上の特質をもった一対であることを意味する。昆虫の二大分類群（目）は、さらに一歩先をいっていて、飛行には一対の翅だけしか使わない。コウチュウ目昆虫は後翅だけを使って飛ぶ。ハエ目昆虫は前翅だけを使って飛ぶ。両者ともに、まちがいなく二対の翅を使って飛行する昆虫から進化したのだ。

甲虫では、前翅が硬いケース（翅鞘）となって、後翅が使われないときに、それを覆い保護するように進化した。この変化は、甲虫に新しい環境適応をもたらすことになった。その変化のおかげで、甲虫は、薄い飛行用の翅を痛めることなく、土の中に穴を掘って入ったり、種子の中に食い入ったり、腐った木にトンネルをつくることができる。甲虫の膨大な多様性は、いつの世でも生物学者を魅了してきた。若き日のチャールズ・ダーウィンも甲虫のファンだった。彼の著作『人の由来』のなかで、ダーウィンは大きなコガネムシの一種について熱っぽく書いている。

想像だが、磨き抜かれたブロンズの甲、そして巨大で複雑な角をもった雄のアトフスオオカブトが、ウマといわずイヌほどの大きさであったとしたら、それはこの世で最も堂々とした動物の一つとなるだろう。

ハエ目昆虫では、後翅は小さな棍棒のような平均棍に変化している。平均棍は、飛行中、前翅と位相をずらして上下に振動する。これは、複雑な感覚フィードバックシステムとなっている。ハエの体が片側に傾いた場合、平均棍はジャイロスコープの慣性により、もとの振動面で振動し続けようとする。すると、平均棍の基部にある感覚器が、平均棍と体のなす角度の変化を検知する。したがって、ハエは、空中での正確な体の向きについての情報を常に受取っている。おかげで、ハエ目昆虫は、昆虫のなかで最も敏捷だ。空中静止、急発進、あるいは後退も、驚くべき速さと正確さでできるのだ。

何万というハエ目昆虫のなかで、人の生活に甚大な影響を与えるものもいくつかある。このなかには、マラリアを媒介する、あるいは黄熱病、デング熱をひき起こすウイルスを運ぶカがある。毎年百万を超す人がカによって媒介される病気で亡くなっている。ハエのなかには、たとえば、受粉をする有益なものもいる。またキイロショウジョウバエは、医学の研究で重要な役割を果たしてきた。この種は、小さくて大量に繁殖させることが容易で、一世紀以上にわたって、遺伝学のモデル生物として好んで用いられてきた。キイロショウジョウバエを使った研究で、がんを始めとする人の病気とかかわる遺伝子の機能や遺伝子間の相互作用がよくわかるようになった。

その他の節足動物――クモ類、多足類、甲殻類

昆虫のほかに、節足動物門には、さらに三つの現生生物グループがある。このうちの二つ、鋏《きょう》角《かく》類と多足類はともに陸への進出に成功した。三番目は甲殻類で、陸生のものがいくつかあるが、

主として水生だ。鋏角類には、クモ、サソリが含まれ、多くのものが陸生だが、その起源は海だ。彼らの体のつくり、陸上生活への適応の仕方は、昆虫と非常に異なっているので、鋏角類と昆虫は、別べつに陸上に進出したと考えてまちがいない。

多足類では、ムカデとヤスデが最もよく知られている。これらの動物には、特徴ある頭部、それに続いて脚をもった多数の分節がある。ムカデの場合、体の節は、変形できるクチクラのリングでつながっているため、捻ったり、曲げたり、すばやく走ることができる。ムカデは肉食で、活発に獲物を追いかけて捕らえ、恐ろしい毒をもったツメ、一対の前脚から進化した毒のある大きな牙で攻撃する。それに対してヤスデは主として木や枯葉を食べる。そして動きはずっと遅い。彼らは毒のある牙をもたず、多くの種では、体節が噛み合っているため、土や朽ちた草木の間を、スロー

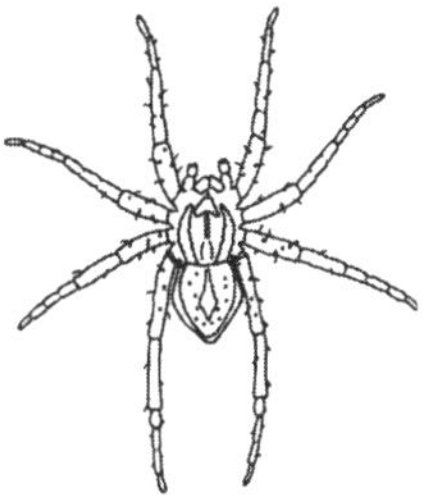

クモ（鋏角類）

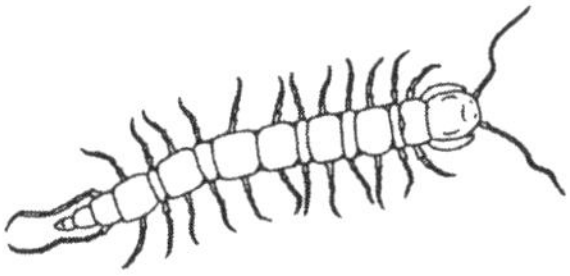

ムカデ（多足類）

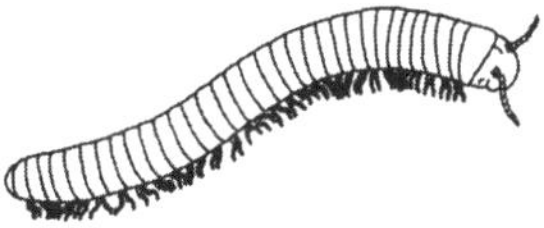

ヤスデ（多足類）

オキアミ（甲殻類）

節足動物

モーションで動く破城槌のように進んでいくことができる。

ムカデが百本の脚をもっている、あるいはヤスデは脚が千本というのは本当ではないが、偶数(even)か奇数(odd)か、という数についていえば、未だよくわかっていない不思議なことがある。奇妙なことに(oddly)、ムカデの歩脚対(毒牙は数えない)の数は常に奇数(not even)だ。ムカデは少ないもので一五対(三〇本)、多いもので一九一対(三八二本)、きっかり一〇〇対という種はない。同種の個体の間でさえ(even)、数に変化があるが、その場合、数の違いは二対の倍数になっている。ヤスデにはもう一つ奇妙なこと(oddity)がある。ヤスデを上から見ると、各体節に二対の脚があるようにみえる。このことから、体節対が重なって二重体節の形成が進化したという考え方がでてきた。しかし、このパターンは下からはみえない。近年の遺伝子発現の研究から、体節間の境界は背側と腹側で別べつにつくられることがわかっている。ヤスデでは、体節はもはや単純な繰返しのユニットではなくなっているのだ。

昆虫と同様に多足類は、組織に酸素を供給する気管、枝分かれのない脚をもっている。頭部の構造も、ムカデ、ヤスデ、昆虫の間で非常によく似ている。この類似性のため一世紀以上にわたって生物学者は、多足類と昆虫類は互いに近縁だと信じ込んできた。しかし分子生物学的な解析は、全く違った方向を指し示した。昆虫は甲殻類に近いというのだ。実際のところは、昆虫はおそらく甲殻類のなかに位置づけられるだろう。そもそも甲殻類は海産なので、考えられることは次のようになる。昆虫と多足類は、独立に陸上に進出した。それぞれで気管、分岐のない脚を進化させ、新しい環境での生活に対処してきた。

甲殻類は多様性に富んだグループで、カニ、ロブスター、そしてエビのような私たちになじみのあるものから、魚ジラミのような寄生性のものまである。また、海産プランクトン中に十億の単位で見いだされる橈脚類《とうきゃく》、オキアミの巨大な群（ヒゲクジラが主食にしている）のように、多くの種が生態上きわめて重要だ。議論の余地はあるかもしれないが、最も変わったもの、それでいて身近なものとしてフジツボがある。フジツボは、最初は海産浮遊性のプランクトンだが、あるとき頭を下にして岩に定着する。その後、餌となる粒子を捕らえるために脚を振りながら余生を送るのだ。

クマムシとカギムシ

節足動物に近縁な二門の動物は、ほとんどすべての動物学者の間で高い人気を誇る。それは顕微鏡レベルの緩歩動物（クマムシ）と森にすむ有爪《ゆうそう》動物（カギムシ）だ。二つの動物はともに、ずんぐりした足と柔らかいクチクラをもっている。昆虫やクモなどの節足動物のように、硬くて関節のある脚や丈夫な外骨格はもたない。

クマムシ（緩歩動物）

クマムシは、体長一ミリメートル以下で、湿ったコケ、蘚苔の上の水表面に生息している。顕微鏡で見てみると、丸っこい体、ゆっくりした歩き方は、まさにクマのミニチュアだ。ただし八本足のクマだけれど。よくいわれるその愛らしさとは対照的に、クマムシは極限の環境に耐えるめざましい能力でよく知られている。もし、クマムシの生息環境をゆっくりと乾燥させていくと、彼らはワックスのような物質を分泌して体表を覆い、足を引っ込めて小さな樽のようになる。そして、酸素と水の消費を大きく低下させて生命一時停止状態になる。このような状態はクリプトビオシス（「隠された生命活動」）として知られるが、クマムシはこの状態で数年間生きながらえることが可能だ。一世紀といわれたこともあるが、近年の研究からそんなに長期間生存するということはなさそうだ。またクマムシには驚くべき回復力がある。ひとたびクリプトビオシスに入ると、彼らは低い方ならマイナス二〇〇℃、高い方なら一五〇℃まで生存できることがわかっている。クマムシの生命は、条件が回復するまで保留状態になるのだ。

カギムシは陸生で湿った環境、たとえば南米の熱帯の森、熱帯ほど暑くないニュージーランドの森の中の朽ち木、落ち葉の間に生息している。カギムシは、柔らかく、ちょっと毛皮の手触りがするイモムシ様の動物で、体長は数センチメートル、約二十対の柔らかく短い足をもっている。彼らはゆっくりと動く動物だが、カギムシの多くは、シロアリ、その他の昆虫を食べる捕食者だ。獲物となる小さな昆虫のほうが速く動けるので、カギムシは獲物を追いかけて捕らえることはできない。その代わりにカギムシは獲物を撃つ。カギムシは頭部の両側に、足から進化したと考えられている特殊な突起をもっている。その突起から標的に対して粘液が糸のように発射されるのだ。この粘液で獲物は絡めとられ、カギムシにゆっくりと食べられ

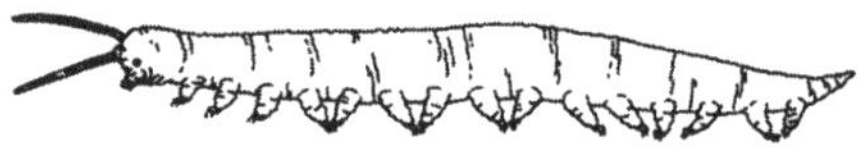

カギムシ（有爪動物）

てしまう。タンパク質を主成分とする粘液も、カギムシはエネルギーを無駄にすることなく一緒に食べる。

脱皮するムシ

線形動物は、節足動物に最も近縁だとはすぐには思えない。彼らには体節はなく、外骨格も脚もない。その名が示すとおり、彼らは細長く、自由に曲がる単純なムシだ。だが、一九九七年以来、DNAの塩基配列の証拠が蓄積され、線虫が動物界のなかで占める位置は、節足動物、クマムシ、そしてカギムシ、加えていくつかの分類のむずかしい、たとえば、顕微鏡レベルの動吻《どうふん》動物に近いことが示されている。多くの動物学者は、この発見に驚いた。そのようなことは、解剖学から示唆されたことは全くなかったからだ。しかし、事実これらの動物はすべて、一つの特徴を共有する。彼らは大きくなるときに表皮を脱ぐのだ。

節足動物は硬い外骨格をもっている。その内側にある体を大きくするには、外骨格を脱ぐ必要がある。脱皮とよばれるプロセスだ。クマムシやカギムシ（そしてイモムシのような幼虫）は、柔らかく柔軟性に富むクチクラをもっているが、脱皮する。というのは、こうしたクチクラでも、その分子的な性質は体の成長には不向きなためだ。

線形動物のクチクラは、タンパク質の繊維がしっかりと包まれてできた複雑な構造をもっている。それはいわば柔軟なバネを隙間なく詰込んだ層が幾重にもなって体をぐるぐる巻きにしている。これもまた成長するには脱ぎ捨てなければならない。

ＤＮＡの証拠から、二つの動物が密接に関係しているということがわかったので、新規に命名することが必要だった。その密接な関係を見いだしたアンナ・マリー・アギナルド、ジェームス・レイクと共同研究者たちは、「脱皮する動物」を意味する脱皮動物（Ecdysozoa）と名づけた。

線虫はきわめて特異な内部構造をもっている。線虫の体の内部には液で満たされた腔所がある。他のムシでもそのような腔所があるかもしれないが、

回虫（線形動物）

線虫では腔所の内圧が非常に高く（他のムシの場合の約一〇倍）保たれているのだ。この内圧によって組織やクチクラが押されるため、体の横断面は環状になる。これが、「round worm（丸いムシ）」という俗称の所以だ。線虫のもう一つの変わった点は、すべての体壁筋が頭尾の方向に走行して、体を環状にとりまくような筋肉がないことだ。ミミズ、ゴカイ、ヒモムシなど、多くのムシは両方のタイプの筋肉をもっており、互いに逆向きに、あるいは拮抗するように収縮して体の形を変える、這う、そして穴を掘って進むことができる。では、筋肉が縦方向にしか収縮できない線虫はどのようにして、動くことができるのだろうか。答は、高圧の液で満たされた内腔と柔軟で伸縮するクチクラにある。これらは筋肉に拮抗し、線虫の体をすばやく波状に動かすことができる。線虫の動きはミミズやゴカイほど秩序だっていない。その理由の一つに変わった筋肉の配置があるが、それだけでなく、線形動物は分節していないため、体の別な部分を違う方向に動かすことがむ

ずかしいということがある。実際、線虫はむち打つように動く。これは泳ぐのには適していないが、彼らの好むすみか（何かの内側）では完璧だ。線虫の多くのものは、土壌の中、腐葉土の間に生息する。腐った果実は線虫でいっぱいになりうる。さらに酵母を食べる淡水産線虫 *Panagrellus redivivus* さえいる。その他の多くのものは、植物あるいは線虫以外の動物の内部に寄生する。人も線虫から免れることはできない。メジナ虫症、トキソカラ症、象皮病を含む重篤な病気が起こることがある。

他の動物の内部にすむ線虫の性癖は、詩的だがいくぶん強調して記載されている。以下は、「線虫の父」ネイサン・アウグストゥス・コッブの一九一四年の著作からの引用だ。

もし線虫以外のすべてのものを透明にしたとしても、この世は、それでもぼんやりと認識できるだろう。もし私たちが肉体を離脱した霊となってこの世を調べることができるなら、山や丘、谷、川、湖、海が、線虫の薄い層として見えることだろう。街の在処もぼんやりとわかるだろう。なぜなら、多数の人びとの一人一人が、それぞれある種の線虫の集まりに対応すると考えられるからである。

線形動物に近縁で多くの類似性をもち、極端に細長い一群の動物があり、類線形動物門という独自の門を構成している。これらの動物は、幅は一ミリメートル以上になることはまれだが、体長はしばしば五〇〜一〇〇センチメートルにもなる。類線形動物は、線形動物と同様に、成長するにつれて脱ぎ捨てなければならない丈夫なクチクラをもち、筋肉は縦方向に走るものだけを備えている。しかし、線形動物と異なって何も食べない。少なくとも成体はそうで、成体の消化管は痕跡的になっている。しかし、類線形動物の幼若体は、確かに食べる。彼らの宿主である節足動物（バッタ、ゴキブリ、淡水産のエビなど）の体を内側から食べるのだ。ムシは成長し、脱皮し、宿主の動物の限界に達するまで大きくなる。そうなると、ムシは宿主の体を突き破る、あるいは這い出て、哀れな宿主の抜け殻を後にする。成体のムシは水生だ。そのため、宿主がゴキブリのような陸生の動物の場合、ムシは宿主に何かしら手を加え、その行動を変えてしまう。水のほうにいくように仕向けられたムシの宿主は、水の中に飛び込む。そして、ムシは宿主の死を待つ。

類線形動物の俗名「ハリガネムシ horsehair worm」は、類線形動物のなかで、たとえば、淡水に生息するエビのような水生の宿主に寄生するものに由来する。類線形動物の生活環が知られるようになるずっと前から、田舎で暮らす人々は気づいていたのだろう。ウマの水桶で、前日には何もいなかったきれいな水の中で、細長いムシが泳いでいることがある、と。そこで、ムシは「ウマの尾の毛」から生じたという俗説が生まれたのだろう。真実は驚異的というほどではなく、ぞっとするというべきだ。巨大なムシは、水の中で慎ましやかに生きていた小さなエビの体を突き破って出てきた寄生虫だったのだ。

第八章　新口動物Ⅰ　――ヒトデ、ホヤ、ナメクジウオ――

ここで私は、高貴な動物群、特に動物学者を悩ませるデザインの棘皮動物に敬意を表しておこう。
リービー・ハイマン
『無脊椎動物Ⅳ』一九五五年

胚からの手がかり

棘皮動物は、地球上で最も変わった動物だといわれてきた。それにはもっともな理由がある。ヒトデ、ウニ、クモヒトデ、ナマコ、そしてウミユリ。これらは棘皮動物門の五綱に属する動物だ。これらの動物には互いに多くの共通点があるが、他の動物門とはほとんど共通性がない。棘皮動物は、地球上で他に類例のないボディプランをもっている。そうなのだが、ずっと昔から、棘皮動物は、あなたや私と同じく、動物界のなかの同じ場所、新口動物に位置することが知られていた。そうした関係の第一の手がかりは、胚に見いだされる。

ほとんどの動物では、その生命の始まりは一個の細胞、受精卵だ。受精卵は分裂して二個の細胞になる。そして四個、八個、十六個というように進む。このこと自体は単純だが、さまざまな左右相称動物を比べてみると、いくつかの違うパターンがあることがわかる。よくみられるのはらせん卵割と放射卵割だ。両者の違いは、発生中の胚を顕微鏡下で見れば、明白だ。らせん卵割では、四細胞が分裂して八細胞になるときに、新しい四個の細胞は、もとの四個の細胞の間の溝の上にある。これは、あなたが四個のオレンジを別の四個のオレンジの上に積み重ねようとするときに、まずそうしようと考えるパターンだろう。しかし、放射卵割では、新しい四個の細胞はそれぞれ直接にもとの細胞の上に載る。もし、オレンジでしようとするなら、それなりのバランス感覚が要求されるやり方だ。

らせん卵割か放射卵割かを問わず、その後はそれぞれで決まったパターンが繰返され、結局、中空のボールができる。そのボールの表面のどこか一点あるいは表面にスリットが生じることから始まって、膨らんだ風船を指あるいは手で押込むようなかたちで、いくつかの細胞が内部に移動する。細胞シートが内側に曲がってできたくぼみは原口とよばれる。もとのボールは胞胚だ。さらに胚の発生が進むと、陥入でできたスペースは消化管となる。まさにこの過程で、右に述べた二つのパターンの間で、再度はっきりとした違いが見いだされる。

らせん卵割をする動物では、原口は腸管の端の口となるが、もっと一般的には、原口はスリット状で、その中間部分が閉じて、両側が開いたままになる。それが口と肛門だ。しかし、放射卵割をする動物では、原口は胚の後端となり、そこに肛門だけができる。口は全く別に、将来の腸が発生中の胚の中を通って原口から遠い側に開くため、胚のもう一方の側にできる。このために、らせん卵割をする動物は長い間、「旧口動物」とよばれてきた。これは「最初の口」を意味し、胚の中で最初につくられる開口部から口が生じるという観察を暗に示すものだった。放射卵割をし、原口を体の後方にもつ動物は、「新しい口」を意味する「新口動物」だった。当然のことだが、すべての動物がこうしたきれいなパターンのいずれかになるわけではない。特に、もし胚が多量の卵黄（どのように細胞分裂するのかに影響する）をもっているような場合には、変わってくる。

これは一九〇八年のカール・グロッベンによる分け方だが、一世紀もたったいまは、注意しながら用いるべきだ。分子的な解析をもとにして定義された左右相称動物の二大分類群（動物上門）である冠輪動物と脱皮動物は、旧口動物の発生様式をもつ動物のすべてを含んでいるが、それ以外のものも多く含んでいるからだ。たとえば、昆虫と線虫のような脱皮動物の卵割様式は、らせん卵割でもなく、放射卵割でもない。しかし、旧口動物は、冠輪動物と脱皮動物を意味する用語として、統一的規則ではなく簡便な名称だということを承知のうえで、今日でもしばしば使われる。また混乱をきたすのだが、現在新口動物とよばれている動物進化のグループもまた、分子による解析で定義し直され、グロッベンによる当初のものとは少し異なっている。現在の定義による新口動物は、放射卵割をし、二次的に口をつくる動物の全部ではなく、いくつかだけを含む。おそらく、古い名称をすべて捨て去るほうがよかったのかもしれないが、命名法というのはいつでも論理的というわけではないのだ。それよりむしろ単純に、すべての旧口動物が、旧口動物的な発生をするのではなく、実際、旧口動物のなかに置かれているいくつかの動物は、新口動物的な発生をするといっておこう。その結果、新口動物的な発生をする動物のすべてが真の新口動物ではないのだ。今日の定義による新口動物の主要な動物門は、たったの三つだ。そして、一つあるいは二つのマイナーな門が加わる。三つの主要な門とは、棘皮動物門、半索動物門、そして脊索動物門だ。

棘皮動物——五という数が鍵となる

リンゴを上下真二つに切ったとしよう。すると種子を含む五放射状の形が見えるだろう。野バラの花をよく見れば、五枚の花弁があるのがわかる。果実、花、葉の形、ともかく植物界には五という数が広く使われていて、変化も適応もみられる。これに対して、動物では五という数字は好まれない。私たちは五本指ではないか、という人がいるかもしれないが、もちろん手は二本なので、実際の指の数は十だ（もしすべての指を数えるなら二十）。五という数は、中心に対称面をもち、左手側と右手側のある動物（動物界を通じてほとんどの動物がそうだ）には向いていないようだ。二、四、六、八というような数字はどこにでもみられるが、五はそうではない。刺胞動物門に属するクラゲのような始原的動物は、明確な左右対称面をもたないが、それでも通常は四回対称であって五回対称ではない。

棘皮動物は全く違う。門全体が、五という数が優勢となって進化している。そのパターンは、ヒトデやクモヒトデを見ればすぐにわかる。彼らは、海岸や潮下帯（亜干潮帯）でふつうにみられる無脊椎動物で、中心あるいは中心にある盤から五本の腕が放射状に伸びている。ヒトデ（海星ともいう）の腕は硬い。ヒトデが移動するときは、海底をすべるように動く。これは、体の下部から突き出ている何千もの小さな管足によってなされる技だ。管足が動くのは、体の中に張り巡らされた液で満たされた水路による。これは、棘皮動物に特有のもので水管系とよばれている。クモヒトデは、ヒトデと同じような見かけだが、その五本の腕はずっと細く、大きく動く。そして、何かをつかむ、あるいは引っ張るなどして、移動を助けている。二つのグループは、生態のうえでも（特にホタテ貝の視点からすると）全く異なる。クモヒトデは、中心にある盤の下部中央にあって下方に向かって細く尖った小さな口から、おもに何かの残渣、ゴミを食べている。一方ヒトデは、ほとんどの場合、貪欲な捕食者だ。彼らの移動はゆっくりだが、獲物が動かないとしたら、それは全く問題にならない。多くのヒトデは、ムール貝、カキ、アサリのような二枚貝を捕食する。二枚貝は、きっちりと締まる二枚の殻に包まれてじっとして生きている。ふつうなら捕食者から守られているのだが、ヒトデは二枚貝にとって最悪の悪夢だ。狩りをしているヒトデが、アサリのような二枚貝に出会ったとすると、ヒトデはアサリを腕で抱え込み、吸盤のような管足で強く殻をつかんで引っ張る。二枚の殻の間がわずかに開くと、ヒトデは（危険だが！）自分の口から胃の一部をひっくり返すように出して、隙間に押しつける。胃はタンパク質を分解する酵素を分泌するので、アサリの筋肉を弱める。すると殻はさらにこじ開けられ、結局、アサリの体は露出して食われてしまう。セイヨウイタヤのように数少ない泳げる二枚貝は、少しでもヒトデのにおいがすると、すぐさ

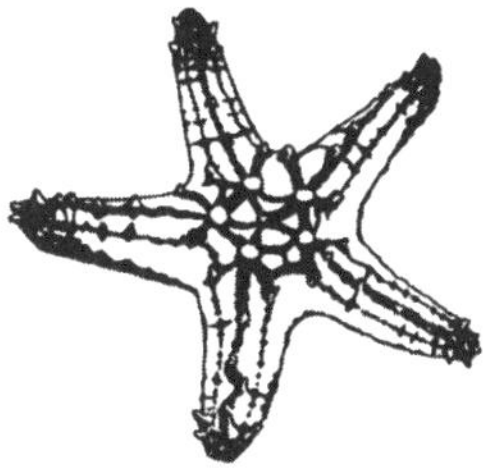

ヒトデ（棘皮動物）

ま逃げ出す。

防御に役立つ棘を密生させたウニ、そして柔らかく長いナマコもまた棘皮動物の一員だ。ここでは五という数は、ちょっと見たくらいでは明らかではないが、まぎれもなくそこにある。いずれの場合も、体の全周にわたって管足の生えた五つのゾーンがあり、これらの動物は、ヒトデのような祖先動物が腕を体の上方に折り曲げるようにして進化してきたことを示している。棘皮動物の五番目のグループは、ウミシダ、ウミユリだ。彼らは、口が上側について、鳥の羽のような腕が五本、それが冠のように口を囲んだ沪過摂食の動物だ。深海に生息するものでは、腕は細長い柄の頂上にある。そして上向きの管足と口をもつため、ヒトデ、クモヒトデと比べると、上下逆さまの方向を向いていることになる。

五回対称あるいは五放射の進化的起源は、非常に興味をそそられる。五放射相称は、左右相称から進化したのは、次の三つの理由から明らかだ。第一に、棘皮動物の幼生は、他の海産動物のプランクトンと同様に左右相称だ。五回対称のパターンは、プランクトンから定着性となって変態するところに初めて現れる。第二に、棘皮動物の化石には、左右相称を含むすべての対称の様式が含まれる。このことは、五回対称のパターンは、進化の過程のなかで後に生じたことを示唆する。第三に、そしてこれが最も重要なのだが、動物の系統樹のなかでは、棘皮動物門は左右相称動物のなかに収まることだ。このことは、現生のすべての左右相称動物と同じ祖先から進化してきたことを示す。

半索動物——悪臭を放つムシ

何年か前に、私はギボシムシを採集したいと思った。ギボシムシは相当に奇妙な、分節をもたないムシで、半索動物門に属する。この門は系統樹のなかでは棘皮動物に近い。半索動物の初期発生は、棘皮動物のものとよく似ている。放射卵割、二次的に生じる口、そして幼生は、時折採集したプランクトン標品のなかに見いだされるが、棘皮動物の幼生とまちがわれやすい。当時私は、野外でギボシムシを見たことがなかったが、研究プロジェクトのためにその標品が必要になった。ある海洋生物学者に手紙を書いたところ、当惑するような返信を受取った。そこには、「自分自身も英国では見たことはないが、まちがいなくある海岸にいる」と書いてあった。その理由は、「その場所でまちがいなくそのにおいがした」というのだ。もちろん、私は決して信じる気はしなかった。においだけが証拠だなんて！　これは、私が自分自身で採集する以前の話だ。

多くのギボシムシは、体長はほんの数センチメートル、砂や泥を掘って海水から微粒子を濾しとって食べて生きている。それには喉にあるスリット（鰓裂）に海水を通過させ（魚の鰓を水が通過するのと同様な方式だ）、微粒子を捕らえるシステムを利用している。実際、そのシステムは魚類の鰓と相同だろう。つまり、半索動物と脊椎動物の共通の祖先は、喉にスリットをもち、食物や酸素の獲得に利用していたと考えられる。

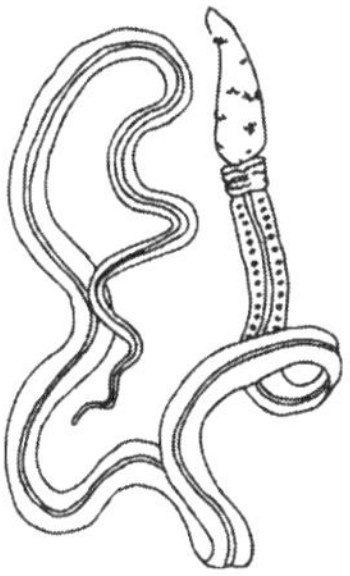

ギボシムシ（半索動物）

ギボシムシの多くは、驚くべきことに、ヨウ素というよりは本当に医薬品のようなにおいのする物質を高濃度で表皮にたくわえている。それは有毒な化学物質、二、六-ジブロモフェノールだとつきとめられていて、その機能は十分にはわかっていないが、彼らを捕食しようとする動物を思いとどまらせる、あるいは穴の中の細菌の増殖を妨げる、実際には両方の役割を果たしているのだろう。その役割がどうであれ、そのにおいが衣服や指につくとなかなかとれない。そのにおいは一度嗅ぐと忘れられない。

ギボシムシが半索動物門の唯一のメンバーというわけではない。彼らの進化上の姉妹となるフサカツギとよばれる動物群がある。フサカツギは、触手の冠をもった小さな動物で管にすんでいる。どこを探してみるべきか、正確に知っていないと、彼らにお目にかかることは不可能だろう。英国産で最も有名な種 *Rhabdopleura compacta* は、体長一ミリメートルもない。そのすみかである白い小さな管（棲管）は、決まって一種の軟体動物の殻、ホンタマキガイの貝殻の内側に見いだされる。そうであっても、見いだされるのは、英国沿岸では特定の少数の場所に限られる。別の種が、バミューダ、スカンジナビアのフィヨルドで見いだされているが、生物学的にまだよくわからないことが多い。

これらの種とは別な属の一種、エラフサカツギは、一八七六年に英国の有名なチャレンジャー号探検隊によって、マゼラン海峡の海底で発見された。そして、エラフサカツギに鰓裂が見いだされたことから、この動物が半索動物のなかのギボシムシに近縁だということがわかった。

もう一つの別の属の一種、エノコロフサカツギは、おそらく管の中にはすんでいないという点で他のものと異なるが、その生物学についてはほとんどわかっていない。というのは、たったの四十三の標本しか知られていないからだ。ちなみにその標本はすべて、一九三五年八月十九日に、日本の昭和天皇の海洋調査船によって採集されたものだ。

被嚢動物――人はかつて酒を入れる革袋だった？

海の船着き場でブイにつながれた係留ロープを引き上げてみるといい。すると、おそらく小さな瓶のような形をした塊がたくさんついているのに気づくだろう。それは数センチメートルくらいの大きさで、黄色かったり茶色だったりする。そこから一つを外してみよう。するとそいつはあなたの目に向かって水を噴出する（squirt）かもしれない。これは動物にはみえないかもしれないが、ホヤ（sea squirt）という動物だ。そして見かけからはよくわからないかもしれないが、その小さな塊は、動物の進化のうえでは私たちの親類で、私たちが属する門、脊索動物門の一員なのだ。

ホヤの外側は、被嚢という丈夫な覆いによって包まれている。その手触りは、動物というより植物のものだ。実際、被嚢には、驚くべきことに、通常植物にみられるが動物にはみられない化学物質、セルロースが含まれている。体の頂部には、二つの管（サイホンという）があり、一方から海水を体内に吸込み、もう一方から排出している。この流れは、ホヤの体内にある何千もの小さな繊毛が動くことによってつくりだされている。この一定の海水の流れによって、餌となる顕微鏡レベルの粒子、海水に溶込んだ酸素が取込まれ、不要物が排泄されている。

一つの動物門は、類似した体のレイアウトをもち、進化のうえで近縁な動物群からなる。ヴァレンティンの言い方を借りるなら、「動物門は、形態学に基づいた生命の樹の枝」であるわけだが、ではホヤがなぜ私たちヒトとともに、あるいは鳥や魚と一緒に、脊椎動物と同じ門に属しうるのだろうか。成体のホヤをみると、固着性で、セルロースで覆われた塊の沪過性生物だ。進化のうえで私たちに近縁だということを示すようなものはほとんど何もない。

実際、昔の博物学者は類縁関係に気づくことは全くなかった。アリストテレスは、ホヤは貝やナメクジのような軟体動物だと考えていた。しかし、彼はこうも書いている。ホヤの殻は（それは実際には被囊だ）、硬くなく、革のよう、そして体の全体を覆っているという点で変わっていると。一九世紀の初め、ラマルクは、ホヤを軟体動物から外して、新しい門、被囊動物門をつくって入れたが、ホヤが何と近縁なのかについては考えが及ばなかった。すべてが変わったのは一八六六年だ。その年に、ロシアの優れた動物学者、アレクサンドル・コワレフスキーは、ホヤの初期発生、および幼生の発生についての詳細な記載を発表した。そしてさらに、彼は自分の発見の大きな意義に気づいたのだった。ホヤの胚は、発生して小さな「オタマジャクシ」になるのだ。それは通常ほんの一ミリメートルくらいで、一日せいぜい二日くらい泳いだ後、頭の先で岩やその他のものに付着する。すると、彼らは劇的な変態を遂げて、成体のミニチュア版となる。そうなった後、ホヤは決してそこから動くことはない。固着した状態で、海水を沪過しながら、その場所にとどまるのだ。

コワレフスキーは、ホヤが泳ぐオタマジャクシのときには、前方に小さな脳があることを記載している。それは背側に沿って走る神経索につながっている。神経索は硬い棒状の組織である脊索の背側に位置している。これらはすべて、ヒトや魚のような脊椎動物、いや少なくとも脊椎動物の胚の特徴なのだ。脊椎動物との進化上の関係は明らかだ。

このコワレフスキーの発見は、科学界に急速に広まった。というのは、脊椎動物に近縁な無脊椎動物は何かについて、すでに多くの論議があったからだ。ダーウィンは、一八七一年に出版された『人の由来』のなかで次のように書いている。

最近コワレフスキーによってなされ、クッファー教授によって確認された観察のいくつかは、きわめて興味深い発見となるだろう。それは、発生の様式、神経系の配置、そして脊椎動物の脊索ときわめてよく似た構造をもつなどの点で、ホヤの幼生は脊椎動物に近縁だということだ。したがって、もし私たちが、分類における最も安全な指標であり続けてきた発生学を信じるなら、脊椎動物がいずれから由来したのか、その由来を知る手がかりがついに得られた、と思われる。

ダーウィンも支持した新発見によれば、はるか昔に絶滅した、ホヤと脊椎動物の共通祖先は、今日のホヤの幼生にみられるさまざまな特徴をもった、小さなオタマジャクシ形の動物のはずだ。しかし、脊椎動物は、変態後の成体ホヤのような動物に由来すると考える動物学者もいた。この考え方は二〇世紀後半まで残っていた。ヴィクトリア時代の法律家で詩人だったチャールズ・ニーヴズは、進化について（また、酒、女性の権利についても）詩を残しているが、韻を踏みながら、そうした考え方を支持している。

驚くべきこと、わけがわからぬことは、一体、いくつあるだろうか
かねがね私が考えていたことは、大方、人は酒を好むということ
しかしここに、ダーウィンが現れ、真の「人の由来」を示してくれた
とても上手に、人はかつて酒を入れる革袋だったと！

ニーヴズは、続く八つの詩で、人が酒を好むのは、人の祖先はホヤであるためと冗談交じりに示唆している。（ホヤの英語名 ascidian は、ギリシャ語の「ワインを入れる革の袋」を意味する語 askos に由来する。）彼は、人が酒を好む理由については理解できていたのかもしれないが、ダーウィンの見解やコワレフスキーの発見を正しく表現できてはいなかった。ホヤと脊椎動物の共通祖先、私たちの遠い祖先が、現生のホヤのように変態する生活環をもった動物だと考えなければならない理由はない。実際、ホヤには生きた近縁者がいる。それは、オタマボヤ（幼形綱）とよばれる動物だ。終生オタマジャクシの形のままで、餌をとり、生殖を行っている。

頭索動物——砂中の謎の動物

脊索動物門は、三つの亜門に分けられる。被嚢動物（ホヤ、オタマボヤなど）と脊椎動物に加え

て、頭索動物（ナメクジウオ）という魅力的な海産の脊索動物がいる。すべての脊索動物にはいくつかの特徴がある。それは、脳、神経索（腹側ではなく背側を走っている）、脊索、体の両側にある筋肉のブロック、そして咽頭にあるスリット（裂け目、鰓裂）、喉と外界とをつなぐ穴だ。これらの特徴は、脊索動物の典型的なボディプラン（体制）を表現するものだ。ホヤでは、こうした特徴の多くは幼生に見いだされるが、鰓裂は、幼生にはない（成体のホヤにはある）。魚には、鰓裂から発生する鰓も含めて、すべての脊索動物の特徴がみられる。しかし、脊索は、発生中に骨に取囲まれて消失していく。ヒトの場合は、脊索動物の特徴の多くを発生過程のある時期にみることができるが、この場合もまた、脊索は胚の一時期にしかみえないし、私たちの鰓裂は胚の中のほんのちょっとした溝であって、決して穴が開くことはない。しかし、ナメクジウオは、脊索動物のすべての特徴が、成体でも非常にはっきりしている動物なのだ。ナメクジウオは望みうる、あるいは目にすることができる限りで、最も明確な脊索動物のボディプランをもっている。

全世界の海で見いだされるナメクジウオは、約三十種、見いだされる場所の多くは熱帯や亜熱帯だが、もっと冷たい海の場合もある。ヨーロッパの沿岸沖合に生息するものが一種ある。彼らは地中海のいくつかの場所、英仏海峡の有名な灯台のあるエディストーン海礁近くの砂礫の中に見いだされる。別な種は、米国フロリダのガルフコースト周辺の干潮帯の砂中でふつうにみられる。またもう一つ別の種が、かつて中国の厦門《アモイ》市の近くにたくさんいて、食用にするため商業的漁業の対象になっていたことがある。どの種もだいたい魚のような外観で、体長はほんの数センチメートル、

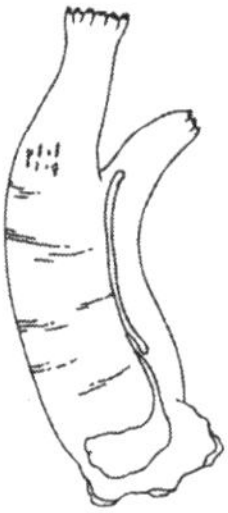

成体のホヤ

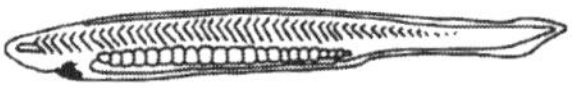

ナメクジウオ

脊索動物

分節した筋肉が体の両側にあり、その間に硬い棒として働く大きく目立つ脊索がある。脊索は、バネのように筋肉の収縮に拮抗する。そのおかげで、ナメクジウオは必要なときに、非常にすばやく泳ぐことができる。必要なときとは、たとえば、砂の中から飛び出して、海水中で放卵、放精をするような場合だ。鰓裂は非常に明確で、口から取込まれる水流を沪過し、藻類を濾しとるのに使われている。しかし、脊椎動物である真の魚と異なって骨はつくられず、体の両側から突き出る鰭ももたない。そして頭部ははるかに単純だ。ナメクジウオは、脊索動物の基本的な「シャーシ（枠組み）」をもっているが、脊椎動物で進化した複雑なものはほとんどもっていない。

一世紀前、ナメクジウオは、どの動物学分野でも最も人気のある研究対象だった。一九一一年、偉大なドイツの進化生物学者エルンスト・ヘッケルは次のように書いている。「すべての動物のなかで、ナメクジウオは、ヒトの次に重要で興味がある。」私は彼に賛同したくなる。そのように書かれているが、ヘッケルや彼の同時代の人々にとってナメクジウオは謎だった。多くの動物学者は、ナメクジウオは退化した脊椎動物、多くの特徴をなくしてしまった単純な魚にちがいないと考えた。その一方で、そのような考えはほとんどありえないと考える人もいたのだ。その一人、英国の偉大な解剖学者エドウィン・ステファン・グッドリッジは、そうした考え方を「馬鹿げている」と評した。グッドリッジは、ナメクジウオの発生と解剖学についての注意深い研究に基づいて、「ナメクジウオは始原的な脊索動物のボディプランを保持していて、はるか昔に絶えた脊索動物の祖先と大きくは違っていないだろう」と考えた。結局、この考え方が受け入れられた。そして、ゲノムの塩基配列の決定（二〇〇八年）によって、それはさらに強く支持されるようになった。したがってナメクジウオは、無脊椎動物と脊椎動物をつなぐもう一つのリンクだ（ホヤの幼生に与えられた立場に似ている）。ナメクジウオは、ほとんどの脊椎動物の特徴を始原的な形でもちながら、今日なお生きている動物なのだ。

ナメクジウオだけがもつ特徴もないわけではない。特に頭部は変わっていて、ギリシャ神話の一つ目の巨人キュクロプスのように、目が一つしかない。こうした小さな変化は、ナメクジウオと脊椎動物が分岐した後の約五億年の間に起こったのだろう。だがこれと全く同じ時間で、魚類、両生類、爬虫類、鳥類、そして哺乳類が出現し、多様化を遂げているのだ。したがって、ナメクジウオは、どの現生の動物の祖先でもないが、はるか昔に絶えてしまった全脊椎動物の祖先から驚くほど変わっていないということができる。

第九章　新口動物Ⅱ ——脊椎動物の出現——

栄光の頂点にあったころ、ローマ人たちは魚をなによりの饗宴のご馳走と考えていた。彼らは音楽を奏でてチョウザメ、ヤツメウナギ、ボラが運び込まれるのを宴席に知らせたのだった。

アイザック・ウォルトン

『釣魚大全』一六五三年

脊椎動物と無脊椎動物という分類

無脊椎動物だけを扱った動物学の教科書、脊椎動物（背骨をもった動物）に特化して書かれた本は、ふつうに目にすることができる。多くの大学では、同じ流れで分けて動物の多様性を教えている。それは新しい分け方でも何でもない。二百年前、ジャン・バティスト・ラマルク（獲得形質は遺伝するという今日では支持されていない説で記憶されている）は、その分け方を『無脊椎動物の体系』のなかに書いている。だが彼でさえ、その線引きを最初にしたというわけではない。なぜなら、二千年以上も前にアリストテレスが、動物を「血をもつ sanguineous」と「血をもたない non-sanguineous」に分けているからだ。この分け方は、本質的に、脊椎動物と無脊椎動物の区分と同じだ。

この見解は長い間存続し広く行き渡っているが、多くの動物学者が、そこには根の深い問題があることを指摘している。大部分の動物は無脊椎動物であり、記載されている動物種の多くも無脊椎動物だ。数の上でも違いは大きい。何百万種の無脊椎動物に対して、脊椎動物はほんの五万種程度だ。しかし、問題は単なる数の違いよりはるかに根深い。問題は動物の進化の系統樹、動物の生命の歴史にある。動物は門に分けられるが、それは同じようなボディプランをもった動物種を含む進化の系統樹の枝に相当する。三十三ほどの動物門のうち、三十二は完全に無脊椎動物からなる。三十三番目であっても、その門は脊椎動物だけからなる門ではなく、無脊椎動物と脊椎動物のミックスだ。その門は、言うまでなく私たちの門、脊索動物門で、無脊椎動物のホヤとナメクジウオ、そして脊椎動物を含む。これらの動物の体のつくりはよく似ていて、同じグループに分類するのは妥当なところだ。したがって、一歩ひいて、動物界の多様性をみるなら、脊椎動物は独自の動物門とするほど十分に相違しているとは考えられない。このことから、脊椎動物は生命の樹の中のほんの小さな一枝にすぎない、ということになるのだろうか。

違いは根深い

確かに数に関する議論や系統上の問題はあるが、脊椎動物にはまちがいなく、いくつかの重要な固有の特質がある。実際、ある面では、脊椎動物は例外的な動物なのだ。最も明らかなのは、地球上で「大きい」動物のほとんどすべては脊椎動物だということ。無脊椎動物でも、イカ、タコ、そしてゴリアテビートル（ゴライアスオオツノハナムグリ）のように大きいものもいないわけではないが、圧倒的多数は体長数センチメートル以下で、大きなサイズがふつうの脊椎動物とは対照的だ。魚類、両生類、爬虫類、鳥類、そして哺乳類のいずれにも巨大な種がいる。一二メートルのジンベイザメ、一・五メートルのサンショウウオ、三〇メートルの恐竜（もちろん絶滅しているが）、三メートルの体高のエピオルニス（これも残念ながら絶滅）、そして三〇メートルのシロナガスクジラがおそらく最大記録保持者だろうが、それぞれは単に「大きいものがたくさんいるなかの最大」なのだ。最も小さなものの一つは、インドネシアの魚 *Paedocypris* で成体は一センチメートル以下だ。だがこれでさえも、多くの無脊椎動物に比べればモンスターだ。

大きくなれる鍵の一つは、静脈と動脈からなる精妙で高効率の閉鎖血管系にある。これにより、体の奥深くまで酸素を送り込み、活発な組織から二酸化炭素を除去することができる。偶然だが、最も大きな無脊椎動物であるイカ、タコは、独自に進化した閉鎖血管系をもっている。もう一つの、そして閉鎖血管系と同じくらい重要な、体を大きくできる重要な資質は、脊椎動物にその名を与えている脊椎骨の柱（脊柱）だ。骨格は、さまざまな形で動物界にみられる。多くのムシは液体による支持システムを、節足動物は硬い外骨格を、棘皮動物は炭酸カルシウムでできた硬い内骨格をもっている。しかし、脊椎動物の骨格は別格で、相当にすばらしいのだ。脊椎動物のなかには、軟骨（丈夫だが柔軟性のあるタンパク質を主体としている）でできた骨格をもつものがあるが、多くのものは骨をもつ。骨は、驚くほど軽くて強く、非常に効果的に体全体を支えられるようになっている。それだけでなく、並外れた思いもよらない性質をもっている。それは生きているということだ。タンパク質とミネラルからなる基質の中に骨を蓄積する細胞と骨を除去する細胞が混在しているのだ。さらに機械的圧力を感知する細胞もあり、骨の成長、あるいは退縮を指令するメッセージを骨に伝え、変化する環境に反応している。骨は常に動的だ。それは驚くべき組織で、水生であれ陸生であれ、活発に大きく成長する動物にとって理想的な組織だ。

脊椎動物はまた、精緻な脳と感覚器官をもつという点で、ホヤやナメクジウオなど、近縁の無脊椎動物とは異なっている。脊椎動物の脳は、三つの重要な感覚が入力されるようになっている。これは、ヤツメウナギからヒトまで、すべての脊椎動物を通して変わりがない。三つの感覚入力とは、視覚（対になった眼）、化学的刺激感覚（対になった嗅覚器官）、そして機械的刺激感覚（水中での圧力変化、空中での音の検出）だ。脊椎動物の頭部は精緻につくられている。全体は脳を収める頭蓋骨で覆われ、同時に右で述べた三つの感覚器を外界に向けている。頭蓋の発生も特別で、ここには神経堤細胞という特別な細胞がかかわっている。神経堤細胞（神経冠細胞）は、発生中の神経索の端から生じて胚の組織の間を移動した後、頭蓋や顎、鰓《えら》を支持する骨あるいは軟骨などのさまざまな構造をつくる。神経堤細胞がなければ、脊椎動物の複雑で保護された頭部はつくれない。脊椎動物は、神経堤細胞なしには、陸上や海中で、生態系で優位にたつ巨大な捕食者や草食動物にはなれないだろう。

大きな体、高効率な血液循環系、動的な骨格、複雑な脳、保護に働く頭蓋、そして精緻な感覚器。こうした特徴が組合わされて、脊椎動物は近縁な無脊椎動物と一線を画している。脊椎動物はナメクジウオやホヤとともに脊索動物門を構成しているが、脊椎動物の体はずっと複雑で精巧だ。動物門のなかでの違いは、さらに深いのかもしれない。

脊椎動物と無脊椎動物の全ゲノムの塩基配列データの比較から興味ある事実がわかっている。DNAの塩基配列は、脊椎動物の進化の初期に（まさに進化の最初期、あるいは直後）、大きな変異が起こったことを示している。ゲノム全体が倍になり、倍になったゲノムがさらにもう一回、倍になっている。つまり初期の脊椎動物では、脊索動物の祖先動物がもっていたどの遺伝子についても、それが四つにまでなっているのだ。こうした「余分な」遺伝子のなかには、すぐに失われてしまったものもあるだろうが、多くの遺伝子は残り、結果として脊椎動物は、ほとんどの無脊椎動物より、ずっと大きな遺伝子の多様性をもっている。新しい遺伝子が脊椎動物の新しい特徴を進化させたかどうかについては論議があるが、間違いのないことが一つある。それは、無脊椎動物と脊椎動物の区分は無視できない、ということだ。

脊椎動物の系統樹

背骨のある動物を分類する場合、「魚類、両生類、爬虫類、鳥類、そして哺乳類に分ける」のが一般的だ。この分類法は多くの場合うまくいくのだが、脊椎動物の系統樹を正確に反映しているわけではない。問題は、魚類の多様な種は「単一の進化系統にまとまらない」、「あるグループは他のものと分かれてしまう」ということだ。「魚」とよばれる動物は、他の脊椎動物と混在して見いだされるのだ。同様な問題は、爬虫類にも当てはまる。というのは現生の爬虫類は、鳥類と進化の系譜を共有しているからだ。もし、進化の歴史に従って厳密に動物を分類しようとするなら、魚類と爬虫類は存在しえないことになってしまう。

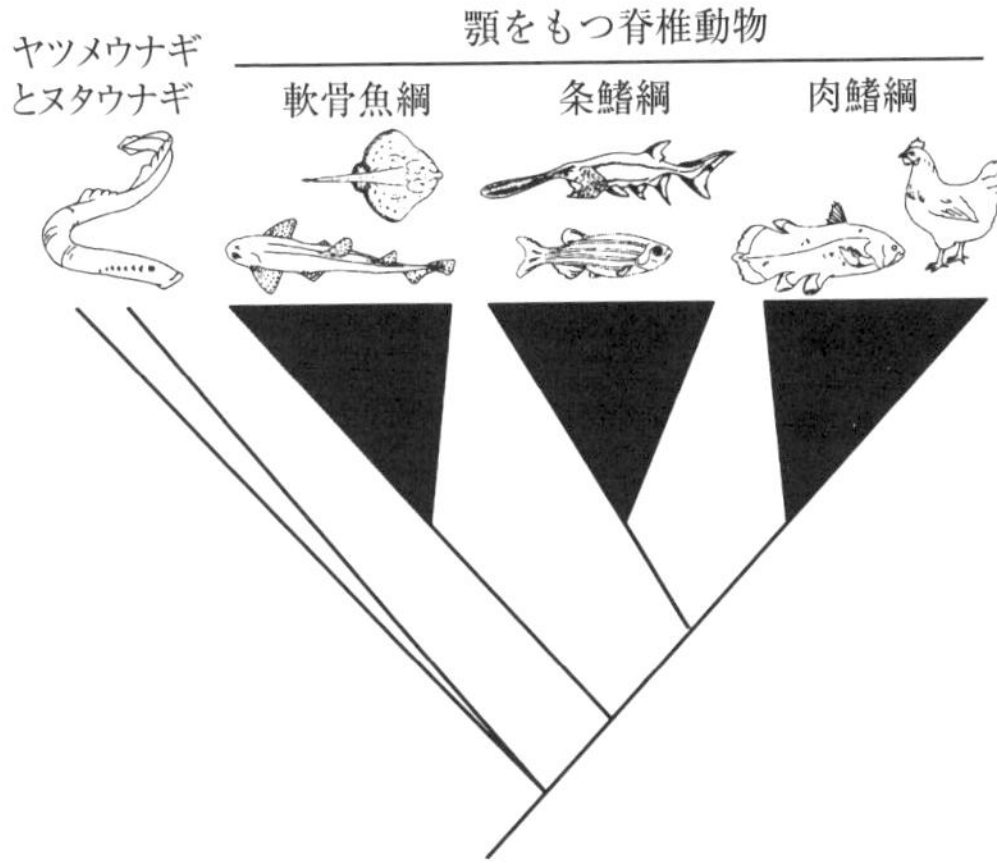

脊椎動物の系統樹

　こうした複雑さはあるが、脊椎動物が辿った進化の道は、化石、分子生物学、そして解剖学からわかるのだが、きわめて単純だ。最初に進化した脊椎動物は、魚のような形をしているが食らいつく顎はもっていなかった。四億年以上前、繁栄した時期には相当に多様であっただろうが、今日では顎のない驚異の生物はたった二つの系譜しか生き残っていない。ヤツメウナギとヌタウナギだ。顎をもつ脊椎動物は、顎をもたない祖先から進化した。そして、この捕食者は主として三つの系譜に分かれて進化した。その三つの系譜とは、軟骨魚綱（軟骨でできた骨格をもつサメなどを含む）、条鰭綱（条鰭をもつ魚）、肉鰭綱（肉鰭をもつ脊椎動物）だ。三つの系譜ともに水生の魚を含むが、肉鰭綱の動物には、水を離れて陸に上がった脊椎動物も含まれる。それは肉厚の鰭の内側に強固な骨格をもつようになり、四つの肢をもつようになった脊椎動物、「四肢動物」だ。それには、両生類、爬虫類、鳥類（いくつかの爬虫類と同じ進化系統樹上の一枝を占める）、そして哺乳類が含まれる。

ヤツメウナギとヌタウナギ――飽満と粘液

食らいつく顎をもたないため、ヤツメウナギとヌタウナギは、口に食物を取込む別の手段が必要となる。成体のヤツメウナギは、丸い口を取囲む吸盤のようなカップをもっている。その口は、鋭い歯が環状に並んで削ぐようになっている。この恐ろしげな口のおかげで、ヤツメウナギは獲物にしっかりと固着できる。そして生きた獲物、通常は大きな魚だが、その血液を吸う。ヤツメウナギ（lamprey）は、獲物に数週間、固着したままでいることができる。その間、寄生生物が突き出ているかのように、だらりと（limply）ぶら下がっているのだ。

ヤツメウナギは、吸盤で獲物に吸いついているとき、あるいは川底で石に付着しているときは、口から水を取込めないので、酸素を得ることができない。その代わり、ヤツメウナギは「潮汐」のように働く鰓をもっている。頭の側方にある鰓穴から水が取込まれ、同じ穴から水が排出されるのだ。これとは対照的に、ヤツメウナギの幼生、アンモシーテスは、通常の一方向に水が流れる鰓をもっている。水は口を通して入り、鰓を通って鰓裂から出ていく。ヤツメウナギの幼若体は寄生性でないために、そのようになっているのだろう。ヤツメウナギは浅くて砂利の多い川で産卵する。ふ化後、アンモシーテス幼生は厚く堆積した泥の中に穴を掘って入り、そこで数年間とどまって、腐敗物から出る小さな破片を食べて生きている。こうした表面がつるつるしてムシのような形をした幼生は、英国では、小川や川で、流れの速い浅瀬の近くで泥があるようなところ、そこで泥を深く掘ると容易に見いだすことができる。変態すると吸盤をもった成体となる。多くの種では、成体は海に移動する。しかし、いくつかの陸封の種もある。たとえば、非寄生性の *Lampetra planeri* だ。この種は小型で（海産のヤツメウナギ *Petromyzon marinus* は一メートルにもなる）、成長してもほんの一五センチメートルくらいだ。

ヤツメウナギは英国王室と長いかかわりがある。征服王ウィリアムの息子、ヘンリー一世は、一一三五年、ノルマンディーにいた彼の孫を訪ねた折、好物のヤツメウナギをたらふく食べた後、亡くなった。これにひるむことなく、彼の孫のヘンリー二世もまた、ほっぺたが落ちる（顎もなくなる⁉）ご馳走に耽った。さらにヘンリー三世は、「ヤツメウナギを食べた後はどの魚もまずい」という彼のために焼き上げられたヤツメウナギのパイを絶やすことがなかった。王室の伝統はさらに続いて、一八九七年のヴィクトリア女王の即位六十周年、一九七七年のエリザベス女王の即位二十五周年には、グロスター市がヤツメウナギのパイを贈っている。

ヌタウナギは、ヤツメウナギと同様に顎がないが、吸盤の代わりに触角をもっている。触角は、二つの咬合床《こうごうしょう》と出し入れできる尖った舌の斜め前にある。ヌタウナギは、たとえば生きたゴカイなどの無脊椎動物を餌にしているが、海底で死んだ魚、死にかけた魚の肉もこすりとる。さらに、もっと大きな動物、たとえばクジラや大型の魚の死体の内部に食い入り、内側から侵食する。ヤツメウナギと同じくヌタウナギも、体の両側に対鰭をもたない。対になった胸鰭と腹鰭は、顎のある魚に特徴的な形質だ。そして、それは陸上に上がった彼らの子孫では、四肢となっている。

ヌタウナギの脊柱は、ヤツメウナギに比べても痕跡的だ。そのため、動物学者によっては、ヌタウナギを脊椎動物とはよばないで「有頭動物」という用語を使っている。これは、ヌタウナギ、ヤツメウナギ、そして顎をもつ脊椎動物を合わせたものだが、この見方には問題がある。というのは、進化の過程で失われる形質もあるからだ。ヌタウナギの脊椎も、これに該当することは十分にありうる。ある動物が何かの形質を二次的に失ったからという理由で、自然な分類から除外すべきではない。ヌタウナギは、解剖学的特質、そして発生の様式からみて、それ以外の脊椎動物に非常によく似ているのだ。

その一方で、ヌタウナギにはいくつか独特な点がある。とりわけ、その粘液ほど驚嘆すべきものはない。多くの動物がぬるぬるしているが、ヌタウナギのそれは全く異次元のものだ。ヌタウナギは、他を寄せつけない粘液の主だ。ヌタウナギは、刺激されると、体の両側に沿って開いた穴からタンパク質を主成分とする分泌物を放出し始める。その分泌物は水に触れると猛烈に膨潤する。その量は凄まじい。何秒もしないうちに、二〇センチメートルほどのヌタウナギは、両手で何杯もの分厚く粘っこい粘液を出せる。それは、捕食者にその気をなくさせるのに十分過ぎるくらいだ。ヌタウナギ自身は、自分の出した粘液から脱出するのにすばらしいテクニックをもっている。体をひとえ結びにし、結び目を移動させながら体を抜いて粘液を落とすのだ。

サメとエイ――顎

一九七五年の映画『ジョーズ』のファンであろうとなかろうと、サメが顎をもっていることは誰でも知っているだろう。対になった鰭とともに、顎は、現生の脊椎動物の進化のうえでの三大グループ〔軟骨魚綱（サメ、アブラザメなど）、条鰭綱、そして肉鰭綱〕の特徴なのだ。

アルフレッド・シャーウッド・ローマーの言葉を借用すれば、「おそらく脊椎動物の歴史のなかで最も大きな進歩は、顎の発生であろう。」アブラザメの胚、そしてその他の顎をもつ脊椎動物の胚についての研究から、この高効率の摂餌構造がどのように進化したのかがはっきりとわかる。胚の発生過程で、後脳形成領域の端から出た神経堤細胞は、下方に移動し、四つの連続した膨らみである鰓弓の中に入って、鰓を支持する骨格をつくる。顎をもつ脊椎動物では、サメからヒトまで、この膨らみの一つである下顎弓が鰓を支持するようにはならず、下顎の骨（あるいは軟骨）になる。さらに、そのすぐ後方の膨らみ、舌骨弓に入った神経堤細胞は、顎の後部を頭蓋に繋ぐ支持構造をつくる。こうした神経堤細胞の胚の中での移動の経路と様式は、ほとんどまちがいなく、鰓を支持する構造から顎が進化したことを示している。

サメの上顎は、その上にある頭蓋とは融合していない。上顎の後方で、伸縮性に富む靱帯と舌骨弓に由来する支持構造から緩くつり下げられている。このため、サメは両方の顎を突き出すことができ、海底の小さな獲物をそっと拾い上げるように食べることができるし、大きな獲物の肉に深々と歯を食い込ませることもできる。多くのサメでは歯は鋭い鋸状になっていて、両顎が獲物に強く押しつけられると歯は効率的に組織を切り裂く。さらにサメは体を左右に強く振って切り裂きを加速させる。獲物を見つけるのには、すばらしく精緻な感覚器官群が働いている。サメは高感度で方向性を備えた嗅覚をもっている。ある種のサメ、特にシュモクザメでは、頭部の側方から突き出た奇妙な構造の両側に、二つの鼻孔が離れて存在する。そのおかげで、においを発する化学物質の濃度が最も高い方向を正確に知覚することができる。サメは視力と振動感知能力を利用して目標に向かう。獲物に行き当たると、多くのサメは、目の保護膜を動かして目を覆って傷つかないようにする。するとサメの視力は落ちるのだが、一時的に盲目となっても獲物に逃れる隙を与えることにはならない。というのは、ここからサメは鋭敏な電流受容器を使うからだ。その受容器は、サメの表皮にある多数の小孔（ロレンチーニ器官）の中に見いだされ、そこで働く感覚細胞は、動物の筋肉から生じる弱い電場を検知する。それは、一六七八年、イタリアのステファノ・ロレンチーニによって最初に記載されている。彼は聡明な解剖学者だったが、後にトスカーナ大公の別居中の妻と親密だと申し立てられて大公によって投獄されている。

サメ、アブラザメ、ガンギエイ、そしてエイを、他の脊椎動物から明確に区別する一つの特徴は、彼らの骨格は硬骨ではなく軟骨でできていることだ。もう一つ、彼らにはガスで満たされた腔所がない。その腔所とは浮き袋だ。条鰭綱の魚に見いだされ、陸生の脊椎動物で肺に進化した構造だ。浮き袋がないなら、サメは泳ぐのを止めると海の底に沈んでしまうと思うかもしれないが、そうではない。サメは浮力の問題を全く別な方法で解決している。解決の鍵は、油をたくわえた巨大な肝臓だ。サメの肝油、特に長い炭化水素鎖をもつスクアレンは比重が小さく、比重の大きいサメの骨格、歯、そして鱗に拮抗して、サメが浮いていられるようにしている。さらに安定して浮遊するためには、体の両側にある頑丈な対鰭が働く。サメに近縁なガンギエイ、エイの多くにとっても浮力は問題にはならない。というのは、これらの動物は底性だからだ。底性とは浮遊性に対立する語だが、彼らは、遊泳するサメとは異なって海底に生息している。マンタのような巨大なエイは、海の底にはとどまらないで、巨大な胸鰭を波打たせて大海原を航行する。そして、鰓裂に付属したスポンジ状の組織からできた網目でプランクトンを濾しとって生きている。

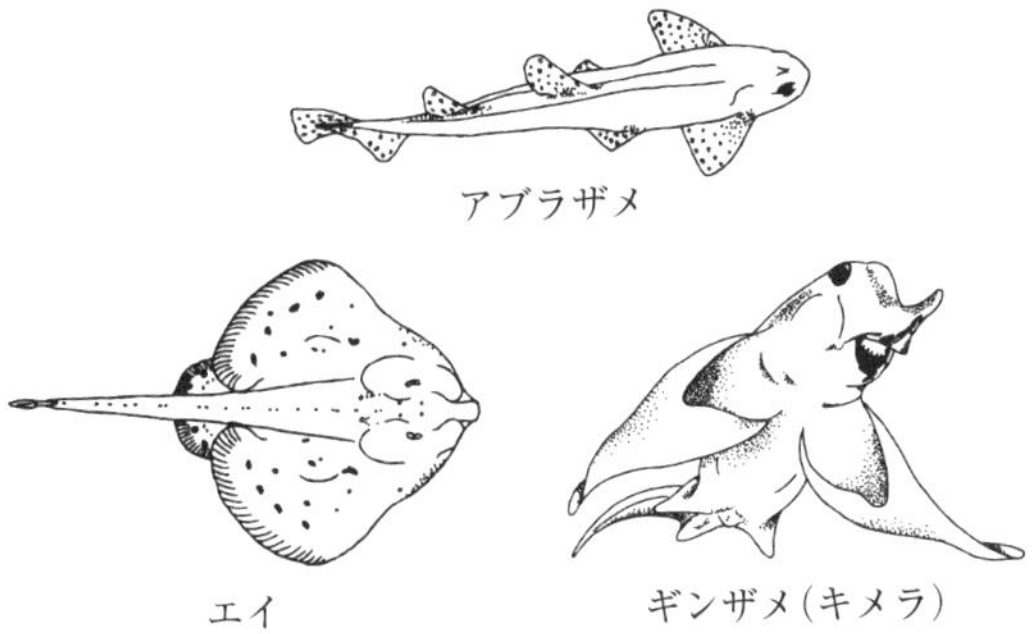

軟骨魚綱

　軟骨魚綱の最後の一群は、サメ、アブラザメ、ガンギエイ、エイのいずれからも進化的に相当離れた奇妙なギンザメ（rat fish またはキメラ chimera）だ。彼らもまた軟骨からなる骨格をもち、浮き袋をもたない。しかし、ギンザメは、上顎が頭蓋と融合しており、鰓の開口部は片側に複数個ではなく一つだけという点で、他の軟骨魚綱の魚と異なる。堅固な頭部には、ゾウのような肉質の鼻があり、異様な外見を呈している。彼らは大きな鰭をもち、全体としては「魚のような」形をしているが、目が大きく出っ歯で、漫画のウサギに似ているというのが一番よさそうだ。一方、長い、ネズミのような尾をもっている種もある。「キメラ」という別名は、体がさまざまな動物からできた古代ギリシャ神話の怪物のキメラを思い起こさせて適切だ。キメラは、ホメロスの『イリアス』のなかで、「人ではなく、不死のもの、頭はライオン、尾はヘビ、真ん中はヤギの体」と記されている。

条鰭綱魚類——しなやかな多様性

魚でよく知られている種のほとんどは、条鰭綱魚類とよばれる多様なグループに属する。例をあげてみると、タラ、コダラ、ニシン、マグロ、そしてウナギなど売られている魚がそうだ。また、金魚、テトラ、グッピー、そしてナマズなどの観賞魚、さらに、マス、コイ、カワカマス、ローチ（コイ科の魚）、そしてバスのような釣り人が狙う魚の大部分、それから、タップミノー（カダヤシ）、トゲウオ、ハゼ、そのほかたくさんの魚が、条鰭綱魚類に属する。むしろ条鰭綱魚類でない「魚」をあげる方がやさしいかもしれない。というのは、そうした「魚」は、ヌタウナギ、ヤツメウナギ、サメ、ガンギエイ、エイ、ギンザメ（キメラ）、シーラカンス、ハイギョだけなのだから。

世界の大洋、海、川、湖には、二万四千種以上の条鰭綱魚類が生息している。

条鰭綱魚類は、ちょうどサメと同様に、不対鰭と対鰭をともにもっている。不対鰭の鰭は体の正中線上にあり、一つないし複数の鰭が背に、尾鰭が尾の先に、そして臀鰭《しりびれ》が腹側にある。そして二対の対鰭が、鰓の後方に胸鰭が、さらに後方に腹鰭がある。条鰭綱魚類では、その名が示すとおり、鰭は細い骨のような鰭条で支えられている。このことは、鰭、特に胸鰭に重要で、捻ったり、曲げたり、微妙なコントロールをすることができる。おかげで、魚は泳いだり、方向転換したり、水中で静止することさえできる。条鰭綱魚類の進化の過程で、鰭はさまざまな方向に変わっていった。そしてこのことは明らかに、このグループが多様化した要因となっている。いくつかの極端な例をあげてみると、ナイフフィッシュは、極端に大きくなった臀鰭を波打たせて、ゆっくりと前進、後退ができる。トビウオは大きな翼のような胸鰭をもっており、空中を五〇メートルくらいも飛ぶことができる。マグロは、尾鰭と体の後半部とを協調させることによって生みだされる猛スピードで、餌となるどの魚よりも速く泳ぐことができる。タツノオトシゴは尾鰭がなく、背鰭をうねらせることによってゆっくりと泳ぐ。

鰭を支える骨のような鰭条にも多様性がみられる。ある種では、鰭条が防御的役割を果たしている。たとえば、トゲウオの背鰭には鋭く

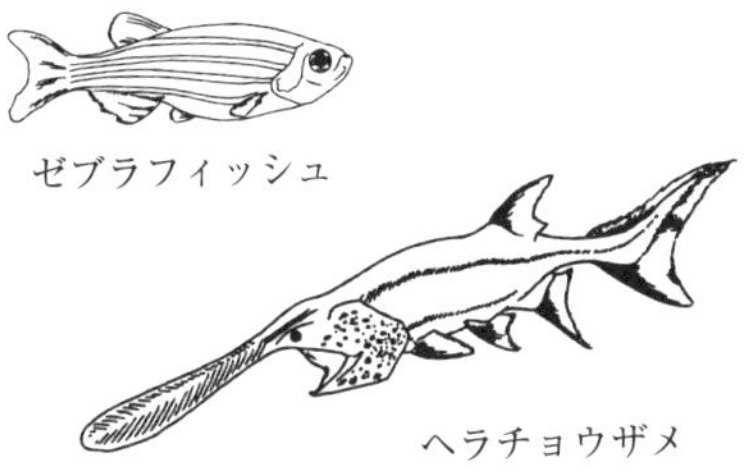

条鰭綱

突き出た棘がある。多くはないが棘に毒をもつことがある。たとえば、オニダルマオコゼ、トラギス、ミノカサゴなどの背鰭がそうした例だ。また、ホウボウ、アンコウのように、鰭条が摂餌の補助器官として使われている例もある。ホウボウは、海底に生息する魚で、さまざまな感覚器が備わった長い胸鰭をもつ。その胸鰭を「歩行」に用いて、海底を歩きながら餌を探す。アンコウの背鰭にある鰭条のうち、前から三本は特に長く、融合して一本の「釣り竿」になっている。これを使って、ぎょっと息を飲むような口に向けて獲物をおびき寄せる。

条鰭綱魚類は、密度（浮力）の問題を、サメとは全く異なる方法で解決している。脊柱のすぐ腹側に、ガスを満たした腔所、浮き袋があり、これを、体内のウキとして働かせて浮力の維持を助けている。コイやマスのような魚では、浮き袋は管を介して消化管とつながっており、水面で飲込んだ空気を入れて満たせるようになっている。別の魚、パーチなどでは、消化管につながる管がなくなっており、血液から吸収したガスを放出する特別な腺を用いて浮き袋を膨らませている。コイ科のメンバーを含む多くの淡水魚も浮き袋を使って聴覚を高めている。これには、脊椎の棘が変形したものが浮き袋の振動を内耳に伝えるのに使われている。おそらく驚くべきことだろうが、魚のなかには浮き袋を使って音を出してつがう相手を誘引する、あるいはライバルの気をそぐものがいる。たとえば、雄のガマアンコウ（バトラコイデス科）は、浮き袋に付随する「発音筋 sonic muscle」を速く収縮させ、浮き袋の壁を振動させることによって音を出す。それは大きな音で、うら悲しい霧笛のようだ。

条鰭綱魚類の頭部は、さまざまな要素があって複雑だ。ほとんどの条鰭綱魚類では、左右の下顎は横方向に動かせるように、上顎の骨の一つ（前上顎骨）は前方に突き出すことができるようになっている。こうした動きのおかげで、口腔を急速に拡大させることができる。その結果、強い吸引力が生じ、他の手段では逃げられてしまうような獲物を捕らえることができる。吸引を利用する摂餌は、非常に多くの条鰭綱魚類でみられ、多くの種の生態の基盤となっている。頭部の後側には鰓があり、鰓は鰓蓋で覆われている。鰓蓋は、デリケートな鰓を保護するだけではなく、鰓の働きのうえで中心的な役割を果たしている。鰓蓋を閉じて口を広げ、次に口を閉じて鰓蓋を開けることによって、条鰭綱魚類は、泳いでいないときでも、鰓に効率的に水を通すことができる。鰓への血流は、水の流れと反対向きになっていることと合わせて、条鰭綱魚類は、水の中から効率的に酸素を得ている。

浮き袋の獲得、鰭条の変化、吸引による摂餌、そして鰓蓋について述べたが、これらは条鰭綱魚類の膨大な多様性のほんの一部を説明するにすぎない。種の数の多さは、生態学的な機会の組合わせ、ボディプランの適応性、おそらくゲノムの特徴なども含めた多くの要因が統合された結果だ。最後の点について言及すると、条鰭綱魚類の大部分を占める真骨魚類は、脊椎動物の進化の初期に起こった二回のゲノムの倍化のうえに、さらにもう一回のゲノムの倍化が起こっている。このことが、体のつくりに、より大きな適応性を与えたのか、集団ごとに異なった遺伝子を失うことになって種分化が加速されることになったのか、現在のところ、明らかではない。

一回余計なゲノムの倍化は、条鰭綱魚類のすべてに及んだわけではない。この群の初期に起こった放散のときから残っている数種の、いわゆる非真骨条鰭綱魚類の現生種がある。これには、変わった沪過摂食でへらのような形をした頭部をもつヘラチョウザメ（ヘラチョウザメ科）、重装備のガー（レピソステウス科）、そして卵がキャビアとして珍重される多様なチョウザメ類が含まれる。その多くは、いまや希少で絶滅の危機に瀕している。

第十章　新口動物Ⅲ　——陸生の脊椎動物——

イモリの目、カエルの足先、
コウモリのうぶ毛、イヌの舌、
アシナシトカゲの割れた舌、メクラヘビの牙、
トカゲの足、フクロウの翼、
魔力が強くなるように、
地獄のスープを煮立てよう、沸かそう。
ウィリアム・シェークスピア
『マクベス』第四幕第一場

肉鰭から肢へ

一九三八年一二月二二日、南アフリカのとある漁港でのこと。一人の若い博物館学芸員が、その日の漁獲のなかに奇妙な虹色がかった青い魚を見かけた。二メートル近いその魚体には、がっしりした肉質の鰭、しっかりした鱗があった。その魚が大きな反響をよぶことになった。それは、シーラカンスとして記載された最初の生きた標品だったのだ。シーラカンスは、四億年前から六五〇〇万年前までの化石記録がある古代魚のメンバーで、すでに絶滅したと考えられていた。『絵入りロンドンニュース』は、その発見を「二〇世紀における自然史分野で最も驚くべき出来事の一つ」と書いた。発見者の博物館学芸員、マージョリー・コートニー・ラティマーにちなんで *Latimeria*

シーラカンス(肉鰭綱)

chalumnae と名づけられた。シーラカンスは、その後東アフリカ沿岸沖合、特にコモロ諸島の近くで何度も捕獲されている。そして、第二のシーラカンス *Latimeria menadoensis* がインド洋で発見されている。シーラカンスの生存に興奮するのは、単に彼らが絶えたと考えられていたからではない。もっと重要なことは、これらの動物は、陸に生息する動物の進化、私たち自身の進化の歴史のなかで決定的に重要なステップを理解するうえで、特別に重要な意味をもつからだ。シーラカンスの肉質の鰭は、左側と右側で独立に動かすことができ、シーラカンスが海中で「歩いている」かのようにみえる。これの鰭が議論の的なのだ。鰭のつくりはさまざまな頭部の特徴とともに、シーラカンスが肉鰭綱(肉質の鰭をもつ脊椎動物)に属すこと、条鰭綱魚類ではないことがわかる。シーラカンスのほかに、現生の肉鰭綱脊椎動物のグループは二つある。ハイギョと四肢動物だ。後者は、ヒトを含めたすべての陸生脊椎動物がそれに該当する。シーラカンスもハイギョも陸生脊椎動物の祖先ではないが、これら三者は関連がある。いずれも約四億年前の初期デボン紀に泳いでいた肉鰭をもった魚から進化した。化石の証拠と分子のデータから、四肢動物は、進化上シーラカンスよりハイギョに近いとされるが、私たちの起源を理解するうえで、肉鰭をもった二群の魚はどちらも重要だ。現生のハイギョには、アフリカで四種、南米で一種、オーストラリアで一種がある。いずれも相当に奇妙で特異な動物だ。だが、彼らはまさに空気呼吸をする魚だ。陸生の脊椎動物の肺と同等な肺をもってい

るのだ。

無脊椎動物のいくつかのグループ、たとえば昆虫類、多足類、クモ類、そして貝類などでは、水生から陸生へ困難な移行を遂げた。同様な移行は、脊椎動物の全進化の過程でたったの一度だけ起こった。乾いた陸で生存するという難題を克服した単一の進化系統の脊椎動物が、今日なお生きている陸生の全脊椎動物（両生類、爬虫類、鳥類、そして哺乳類のすべて）を生み出したのだ。陸上でうまく生きるには、空気中から酸素を得る能力がなければならない。陸上で食物を見つけ、捕らえなければならない。水よりはるかに支持力のない媒体（空気）の中で体を動かし、陸を移動しなければならない。そして水分を失わないよう、乾燥することを避けなければならない。

陸生の脊椎動物に近縁なハイギョは、肺を使って空気呼吸をしている。また鰓を使って水の中から酸素を得ている。こうした事例から、真に陸生に移行するよりずっと前に空気呼吸が進化したことがわかる。しかし、陸上で体を支える、摂餌する、そして移動することは、もっとむずかしかったようで、魚から四肢動物へのいくつかの進化的変化が必要とされた。いくつかのすばらしい化石のおかげで、こうした変化がわかるようになり、さらにその変化がどの順で起こったのかさえも明らかになっている。

一つの解剖学的な変化としては、獲物に噛みつくことができるように平らな鼻が進化した。水中では非常にうまくいった吸引という方法は用いられなかった。三億七五〇〇万年前ごろに生存し、絶滅したパンデリクティスとティクタ－リクの化石は、その特徴をよく示している。これらの動物の前方部は、ワニのようだったにちがいない。しかし、彼らの鰭の末端は、頑丈な骨をもった指ではなく、細くデリケートな条鰭の骨だったという点で、まだまだ魚のようだった。このように魚と四肢動物の特徴をあわせもっていたため、ティクターリクを発見したネイル・シュービンは、この動物に「fishapod（fish と tetrapod の合成語）」というあだ名をつけた。

少し後、三億六五〇〇万年前ごろに生存したアカントステガは、先が関節のある指のようになった鰭をもち、より四肢動物らしくなっていた。興味深いことに、今日のほとんどの陸生脊椎動物でみられるような五本指ではなく、前肢には八本（おそらく後肢にも同じ数）の指があった。アカントステガは、ほとんどまちがいなく、水の中にすみ、鰓を使って呼吸をしていた。だが、すでに陸に上がることができ、食物を捕らえ、日に当たっていたのかもしれない。また、別の初期四肢動物のイクチオステガの化石は、陸生への移行のもう一つの段階を示している。この動物は、上記の特徴に加えて、より頑丈な中軸骨格（背骨、脊柱）をもっていた。背骨は、それぞれの椎骨にある突起（関節突起）で椎骨どうしが噛み合ってできており、動物の体重を支えるのに役立っていた。

両生類――皮膚呼吸

デボン紀で絶滅した動物は、一時的に陸に上がった最初の動物群だが、これらの動物は、水に、とりわけ繁殖については大きく水に依存していたのだろう。繁殖が大きく水に依存するという点については、現生の四肢動物のいくつかについても当てはまる。一生の大部分を陸で過ごすが、産卵は水中あるいは水辺で行う動物群だ。たとえば、カエル、ヒキガエル、イモリ、サンショウウオ、そして足のないアシナシイモリなど、現生の両生類がそうだ。大部分の両生類は、決して湿った環境から離れてすむということはない。というのは、彼らの皮膚は、必ずしも防水になっているわけではないためだ。多くの種では、ガス交換のために体表面を湿らせた状態に保つことが必須だ。水に依存する第二の理由は、彼らの卵や若い個体には湿潤な環境が必要だからだ。現生の両生類のほとんどの幼生、たとえばカエルのオタマジャクシなどは、水生環境から直接に酸素を得る鰓（外側に出ている）をもっている。

両生類を論ずるとき、現生のものを真の陸生となるルートの途中にある小さな飛び石と見なしてしまい（実は正しくない）、爬虫類や鳥類、そして哺乳類ほどにはうまく陸生に進化できなかった、と考えてしまいそうになる。しかし、彼らが現に生存しているという事実は、彼らはうまく進化して成功し続けているということにほかならない。実際のところは、現生の両生類は、初期の陸生の脊椎動物から非常に特殊化し、大きく変わっているということだ。さらに、いくつかの種、特にある種のカエルとヒキガエルは、生息数が非常に多い。たとえば、オオヒキガエルは、一九三五年、熟慮の末、人為的に北オーストラリアに移入されたはずだが、災難となってしまった。その種は増え続けておびただしい数になり、いまでは厄介な侵略者になっている。

両生類のなかには、少数だが、一生を水の中で過ごし、成体になっても全く陸に上がろうとしないものもある。そのような例としては、体長一・五メートルにもなる日本のオオサンショウウオ、

アフリカツメガエル
（両生類）

グロテスクなヘルベンダー（アメリカオオサンショウウオ）、そしてアフリカツメガエルがある。しかし、おそらく最もよく知られている水生の両生類は、メキシコサンショウウオだろう。それは、体長二〇センチメートルほどで、性的には成熟しているが、両側に羽のように突き出した鰓を備え、幼生に似ている。このことは、この動物がどういうものかを正確に示している。というのは、メキシコサンショウウオは、通常の陸生のサンショウウオから進化したものだからだ。発生過程で生理学的な変化が起こって進化し、いまでは祖先の成体型に変態しないまま成熟するようになっている。メキシコサンショウウオの例は、進化は私たちが理解している全体的傾向がどうであろうと一方通行の道ではなく、異なった系譜の動物がそれぞれ個別の環境に適応しているということを、あらためて思い出させてくれる。

爬虫類――鱗と性

爬虫類は、脊椎動物の進化の系統樹の上では、単一のグループというより、階層的構成になっている。現生種は、本質的に異なる動物の集合で、トカゲ、ヘビ、カメ、ワニ、そしてニュージーランドに生息する原始的なムカシトカゲが含まれる。また恐竜も、ワニ、鳥類と同じ進化の系譜にある爬虫類だ。一方、絶滅した爬虫類には、翼をもった翼竜、海に生息した魚竜、モササウルス、そして首長竜がある。これらの水生種は、現生のウミガメと同様に、二次的に水生に戻ったもので、完全に陸生となった祖先種から進化したものだ。初期の爬虫類の決定的に重要な特徴は、水生環境から完全に抜け出したことだ。爬虫類は、そうした最初の脊椎動物だ。陸にすむ爬虫類は、そこで生息することができ、餌をとり、そして水に戻ることなく繁殖できる。

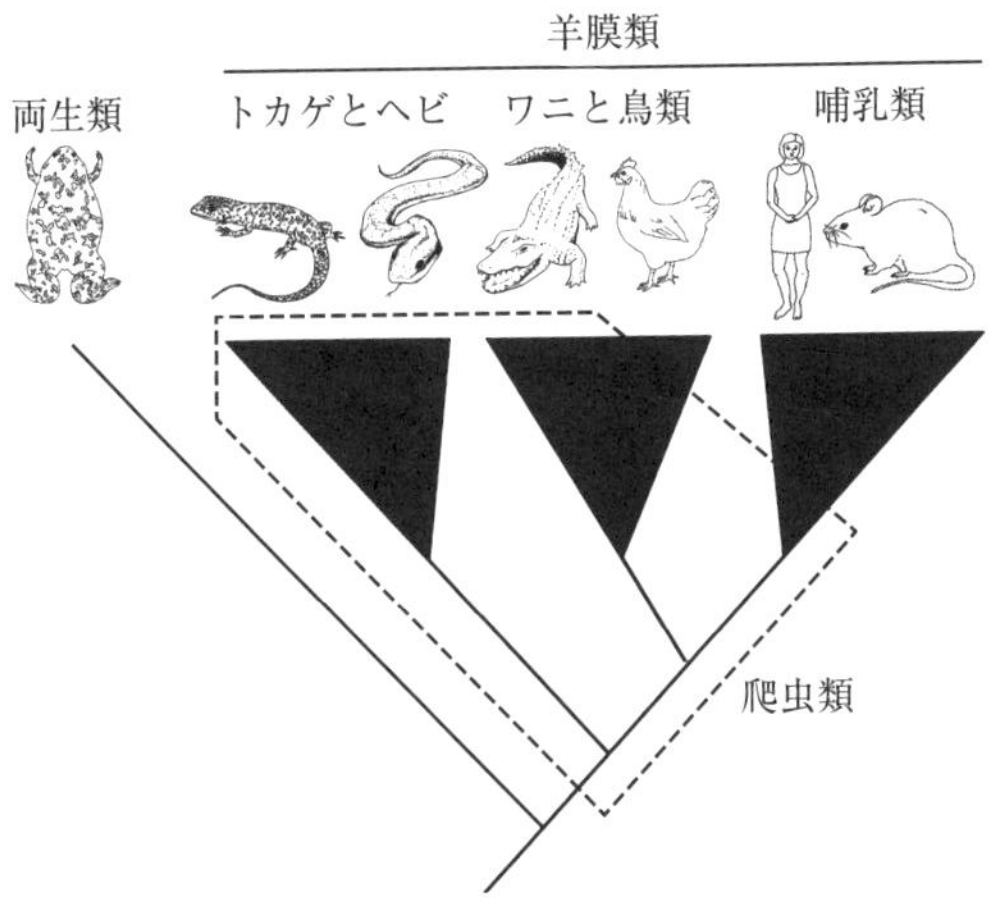

爬虫類・羊膜類の系統樹

この変化には、二つの鍵となる革新があったと考えられる。完全防水の皮膚、そして殻（内側にいくつかの膜がある）をもった卵だ。前者はわかりやすい特質だ。それは、ケラチンタンパク質、脂質をつくる細胞がいくつかの層になった複雑な皮膚が新たにつくり出されることによって達成された。この変化が及ぼした影響の一つは、皮膚が呼吸には使えなくなったことだ。（現生の両生類では使われている。）なぜなら、表面が湿っていない限り、酸素あるいは二酸化炭素は、皮膚中に拡散することができないのだ。その代わりに、爬虫類は胸式呼吸を進化させた。それは、肋骨に付

タスマニアユキトカゲ（爬虫類）

着した筋肉を使って肺の換気をするのだが、転じて、肺をより効率的な呼吸器官にすることになった。「膜をもった卵（羊膜卵）」の重要性はあまり明白でないかもしれないが、こちらもきわめて重要だ。その鍵は、三つの膜（羊膜、尿膜、漿膜《しょうまく》）にある。これらの膜は、胚を取囲み、血管網を拡大させてガス交換に役立つ。加えて、有毒な窒素含有老廃物を、発生中の胚体から遠ざけてためておくことができる。カメ、ワニを含む大部分の爬虫類は、卵殻の中に収まった羊膜卵を産むが、ヘビ、トカゲのなかには、出産するものもある。そのような種としては、ガーターヘビ、ボア、そしてクサリヘビなどがあるが、その母親は多くの場合、大きな卵黄をもった卵を、発生の全期間、体内に保持している。さらに、爬虫類のなかには、卵黄ではなく母親から直接的に、極端な場合には胎盤を通して栄養を供給されるものもある。トカゲのシジミマブヤやコモチトカゲなどがそうだ。生理学的、解剖学的、そして行動学的な適応によって、爬虫類は、アフリカ、オーストラリア、アジア、そして南北アメリカの灼熱の砂漠などの地球上で最も暑く乾燥した環境にまで進出している。

生理学的にみれば、爬虫類の体は温暖な環境によく適している。というのは、日光に当たれば大抵体温が上がるからだ。このおかげで、たとえ体をうまく保温することができなくとも、高い代謝と活発な生活様式を維持できる。温度はまた、多くの爬虫類に対して、全く別の、むしろ変わった形で影響を及ぼしている。温度によって、生まれてくる子の性が決まる場合があるのだ。たとえば、アメリカアリゲーター（ミシシッピワニ）の卵を三〇℃より低い温度で保温すると雌がふ化してくるが、三三℃にすると雄がふ化する。この温度依存性決定（ＴＳＤ）として知られる現象は、一般的な遺伝性決定と対照的だ。そこでは、哺乳類のＹ染色体に見いだされている雄性決定遺伝子のように、遺伝的な違いによって性が決まる。しかし、ある種の爬虫類は（そして、この点ではある種の魚も）なぜＴＳＤを用いているのだろうか。ちょっと目には、遺伝子に基づく方式のほうがより信頼性が高いと思われるのに。気候の変化のような環境条件の変化で、ＴＳＤを用いる集団は絶滅しないのだろうか。生まれるどの子も同じ性になるかもしれないのに。答は、最近、イド・ペンとトビアス・ユラーたちが、タスマニアユキトカゲについて行ったみごとな研究で示されたように、局地的な生態的適応にあるように思われる。この爬虫類は、海抜ゼロメートルから山岳地帯まで生息しているが、驚くべきことに、標高の低いところに生息する集団はＴＳＤを用い、標高の高いところに生息する同種の集団は、遺伝性決定を使っている。その違いのわけは、次のように考えられる。低い標高にすむ母親は、ＴＳＤを用いて温暖な年には、それに応じてより多くの娘を産む。すると、長めの夏の間に、大きく成長し、子孫を増やせる好機となる。しかし、涼しい年には、より雄が多くなるように切り替える。ユキトカゲにとって雄のサイズは大して重要ではないからだ。こうした利点は、標高の高いところではなくなってしまう。そこでは、動物の成長は遅くなるだろうし、気温も激しく変化する。性決定が遺伝ではなくＴＳＤによって決まるとしたら、雌雄の比に大混乱を生じることになるだろう。

鳥類――羽と飛行

爬虫類のなかの名高い一群である恐竜は、何百万年の間、地球上に君臨していた。最初の恐竜が進化したのは、二億三〇〇〇万年前ごろだ。それ以来、大きさ、形態、そして生息する環境もさまざまに異なったたくさんの種に分化し、六五〇〇万年前によく知られている突然の絶滅に至った。いや、それはもっと正確にいうなら、「見かけ上の絶滅」だ。よく知れ渡っている恐竜の全滅という考え方には、少し誤解がある。というのは、現生の動物のなかに、恐竜の一群である、獣脚類の直接の進化的子孫がいるからだ。有名な絶滅恐竜としては、巨大肉食恐竜のティラノサウルス、それよりは小さいけれど多分同じように恐ろしいヴェロキラプトル（映画『ジュラシックパーク』で有名になった）がある。もちろん、ティラノサウルスもヴェロキラプトルも、もはや地球上を徘徊することはないが、彼らと近縁な動物のいくつかを、私たちは毎日のように見ているのだ。獣脚類の一群は、六五〇〇万年前に絶滅することなく、地球規模の大破局を生き長らえて、今日に至るまで生存している。それが鳥類だ（一二一頁の図参照）。

進化の観点からみると、鳥類は絶滅しなかった一群の恐竜だ。鳥類が恐竜から進化したという考え方は、一八六〇年代にトーマス・ヘンリー・ハクスリーによって最初に提唱された。ハクスリーは、獣脚類の恐竜と絶滅した鳥、始祖鳥の骨格のレイアウトに、非常に重要な類似性を記載している。始祖鳥は、美しく保存された一億五〇〇〇万年前の化石で知られる。それは、歯と長い尾（骨を含む）をもつなどの点でトカゲのような特徴をもっていたが、同時に翼と羽ももっていたのだ。そのため始祖鳥は、最初期に進化した鳥類の一つだと考えられてきたのだ。ハクスリーの見方は論議をよんだ。鳥類が古代の爬虫類から進化したということは、どの生物学者にも支持されたが、鳥類が恐竜の直接の子孫だという説は、すぐに支持は得られなかった。その考え方は、二〇世紀の大半の間、ほとんど眠ったままだったが、一九七〇年代になって、米国のユール大学にいたジョン・オストロムの注意深い研究によって目覚めることになった。だが、最も劇的で決定的な証拠が世に出たのは一九九〇年代になってからだった。そのときに、羽毛をもった恐竜の驚くべき化石が、中国で発見されたのだ。それは無傷の飛ばない恐竜のものだったが、その体と足は羽毛で覆われていたのだ。羽毛をもった恐竜は、鳥と恐竜の直接的関係を支持するのに強力な証拠となるだけでなく、羽が早い時期からの適応、おそらく体温を維持する適応だったということを強く支持する。これが後に、飛行につながる道をつけたのだ。

現生の鳥類の羽は驚くべき構造だ。飛行に用いられる羽は、複雑、非対称な構造で、強くて信じられないほど軽く、振り下ろすときに剛性と力を発揮する。そして、羽には中心軸（羽軸）があり、そこから無数のぴったりと並んだ羽枝《うし》が突き出ている。各羽枝には、微小な鉤《かぎ》のついた多数の小羽枝があり、互いに噛み合っている。対照的に、体の保温に使われるダウンフェザーは、同じようには噛み合っていない。そして、シート状の面をつくるというより、むしろポケットのようになっていて空気をトラップする。それらの二つの大きな機能（飛行と寒さの遮断）のほかに、羽は防水、カムフラージュ、そして個体間のコミュニケーションで重要な役割を果たしている。羽と飛行は、鳥類の生態と行動を支配しているのだ。そして両者が一緒になって鳥類を進化させてきた。

ニワトリ(鳥類)

飛行では重量が重要な問題となる。したがって鳥類は厚みが非常に薄く、中空だが内面が支柱で強化された骨を進化させてきた。重い歯は、進化の過程で失われた。そして長い尾も同様だ。しかし、重量よりもさらに重要なのは、その分布だ。鳥類の解剖学的特質として、ほとんどの脊椎動物に比べて重心が前方に、両翼の間に位置するようになっている。このことは、後肢の腿《もも》を、体の前方に向かってたくし上げて短くし、さらに足を長くすることによって達成されている。このことは、鳥の膝は後方に向いているようにみえるのはなぜか、の説明になる。後方に向いてみえているのは、膝ではなく、実はかかとなのだ。

現生の鳥類は一万種類ほどで、どの大陸にもすみ、どの海洋の上でも飛んでいる。南米の小さなハチドリ、ニューギニアの森の豪華なゴクラクチョウ、アンデスの峠を滑空する堂々としたコンドル、陸から数百キロメートルも離れた大洋上で波をかすめるように飛ぶミズナギドリ、草原の上を舞うチョウゲンボウ、すぐに隠れるミソサザイ、コマドリ、ツグミなど。こうして述べると、多様性を描いているかのように聞こえるが、実際のところは、少なくとも解剖学からみれば、鳥類はどれもよく似ているのだ。明らかな例外は、二次的に飛ぶ能力を失った数少ない鳥たちだ。ペンギンの変わった体型は、空中ではなく、水中に適応したものだ。ダチョウの大きなサイズ、容積は飛行しないことによる。こうした例外は、飛行が鳥類の解剖学的、生理学的特質にきわめて大きな制約を加えていることを、私たちに思い出させてくれる。進化も物理の法則から逃れられないのだ。

哺乳類――ミルクと毛

鳥類の活発な生活様式は、高い代謝効率と羽毛による防寒の組合わせで生み出される高い体温によって初めて実現された。体の熱を自分でつくり出して維持しているもう一つの陸生の脊椎動物のグループは、私たちが属している哺乳類だ。しかし、哺乳類の場合防寒に必須なのは毛だ。毛は、タンパク質α-ケラチンの繊維からできた単純な紐状構造だ。羽に比べるとはるかに単純だが、重なり合った毛の層は、空気を効率よく閉じ込めることができ、したがって暖気を維持することができる。このように体の熱を維持できるおかげで、哺乳類は寒い条件でも、太陽光で暖まらなくてはいけない爬虫類とは違い、出かけて歩き回ることができる。哺乳類は、鳥類とは異なり、爬虫類から進化したのではない（一二一頁の図参照）。羊膜類（羊膜卵を産む陸生の脊椎動物）の進化の系統樹によれば、ある一群（獣脚類）からトカゲ、ヘビ、ワニ、恐竜、そして鳥類が生じ、哺乳類は、その姉妹となる別の系譜（絶滅した単弓類）から生じている。

毛のほかに、すべての哺乳類に共通する重要な特徴は、乳をつくって子に与える授乳だ。このことは決定的に重要な適応だ。というのは、授乳によって哺乳類は一年のうちのどの時期にでも、得られる食物の種類が限られる、あるいは得られる機会さえも変動するような場合でも、繁殖できるようになったからだ。成体の雌は、食物が得られるときには食いだめができ、脂肪としてエネルギーをたくわえることができる。その子たちは、母親の乳房を吸うことにより高エネルギーのミルクが得られる。食物をとってくるという点についても、経験を積んだ成体がするほうが、幼若な個体がするよりずっと効率的だ。子は、ミルクを吸うおかげで、より多くのエネルギーを成長に向けることができるのだ。

奇妙に聞こえるかもしれないが、ミルクを利用することがまた、哺乳類の非常に大きな生態的多様性につながった。これには歯の進化がかかわっている。その説明は次のようになる。哺乳類は授乳するようになったために、その新生仔には、歯は必要ではなくなった。このことは二つの意味をもつ。まず、頭蓋と顎は、歯が生える前に成長できるということ。もう一つは、トカゲを含むほとんどの羊膜類にみられる、単純な歯を継続的に取替えるシステムから脱却できるということだ。哺乳類は、そのシステムに代えて二生歯性を進化させた。二生歯性とは、ただ二セットだけ歯をつくることだ。幼若個体の顎には単純な歯を一セット、そしてほとんどフルサイズとなった顎には複雑な歯をつくるのだ。このように歯の発生が体の成長から遅れて起こることによって、哺乳類の歯は、上顎と下顎の間でぴったりと合うように進化した。咬合として知られる特徴だ。こうした特質は、歯をもった顎が大きく成長するような動物では考えられない。哺乳類は、咬合のおかげで、食物、特に丈夫な植物質を噛んで磨りつぶす、あるいは獲物からきれいに肉を噛みとるなどの優れた能力を得た。そのような恐るべき能力を備えて、初期の哺乳類は、分化し、他のどの脊椎動物よりも広範な食物と食餌戦略を開拓したのだ。

哺乳類の種類は四千四百種ほどだ。これは鳥類の半分にもならないが、体の形、大きさ、そして生活様式で、ずっと大きな多様性がある。そしてほんの五種だが、卵を産む哺乳類（単孔類）さえいるのだ。カモノハシ、そして四種のハリモグラだ。他のすべての哺乳類は獣亜綱に属し、子を出産する。このなかには、非常に未熟な子を産んで、袋の中で育てる数百種の有袋類が含まれる。カンガルー、ウォンバット、オポッサム、ネズミカンガルー（ポトルー）、バンディクート、コアラ、タスマニアデビルなどだ。現生の哺乳類の大多数は、それより長い妊娠期間をもち、袋をもたない有胎盤類だ。有胎盤類の生態学的多様性は途方もない。トガリネズミのような昆虫を食べる食虫動物、アンテロープ、ゾウ、キリン（ジラフ）、バイソンのような草を食べる草食動物、キツネやライオンのような狩をする捕食者の肉食動物、ネズミ、ドブネズミ、ヒトのような何でもござれの雑食動物、マナティーのような水生草食動物、アザラシ、イルカのような水生の捕食者、そして空にまで進出したコウモリのようなグループさえもある。

二〇世紀の長期間、有胎盤類の真の系統を巡って混乱があった。このすべての多様性のなかで、どの動物が何に近いのか。この問いは、近年DNA塩基配列決定の技術が適用されるようになって、ぐんと解決に近づいている。現在得られつつあるコンセンサスでは、有胎盤類は四つの大きな系譜に分けられる。驚くべきことに、その四つの系譜の分布は、よく知られている大陸の地理学的歴史に一致しているのだ。このことは、有胎盤類の分化が起こったのは、世界の主要な大陸が分かれたときと一致していることを示す。まずアフリカ獣上目は、その名が示すとおり、アフリカに起源をもつ哺乳類のグループだ。このなかには、ゾウ、ツチブタ、そしてマナティーなどが含まれる。アメリカからは、アリクイ、ナマケモノ、アルマジロなどを含む異節上目が進化した。ローラシア獣上目には、ヨーロッパと大部分のアジアの先駆けである超大陸ローラシアの北部で進化したと考えられる動物、ネコ、イヌ、クジラ、コウモリ、トガリネズミ、ウシ、ウマなどが含まれる。最後に、真主齧上目《しんしゅげつ》(超霊長類ともいう)。これには、ドブネズミ、マウス、そしてウサギ、これらに加えて、サル、類人猿のような霊長類が含まれる。

少し距離をおいて、動物進化の樹のなかの私たちの位置をみると、ヒトはごく小さな小枝にすぎない。私たちは霊長類のなかに位置している。それは真主齧上目に入る。それは有胎盤類に入り、それはさらに哺乳類のなかの獣亜綱に、そして哺乳類は羊膜類の一部だ。それは四肢動物の中に含まれ、さらにそれは肉鰭綱の中に入る。肉鰭綱は、顎のある脊椎動物の三つのグループのうちの一つだ。顎のある脊椎動物は、脊椎動物に含まれ、さらに脊索動物、新口動物、左右相称動物、そして大きな動物の進化の樹に含まれる。

第十一章　謎の動物

わかっている、とわかっていることがある。わかっている、とわれわれが認識していることがあるということだ。わかっていない、とわかっていることがある。すなわち、わかっていない、とわれわれが認識していることがあるということ。しかし、わかっていない、とわかっていないこともある。われわれがわかっていない、ということを認識していないこともあるのだ。

ドナルド・H・ラムズフェルド

米国国防総省による状況説明　二〇〇二年

新しい門は新しい理解

動物学の歴史は、見解の移り変わりのストーリーだった。動物の間の進化的関係を巡って議論と論争の一世紀があった。問題は、新しい種が毎日のように発見されるという事実によって複雑になっている。何百という種について、毎年、解剖、生態、発生、そして行動について新しい事実がわかっていく。したがって、少し退いてみて、私たちの現在の理解はどれくらい正しいのかを問うのは妥当だと考えられる。さらに徹底的な検討が必要なのか、それとも私たちはすでに確かな枠組、そこから動物の生物学を深く掘り下げていけるような枠組をもっているのだろうか。そこで最初に、私たちは動物界の全多様性を本当にわかっているのかを問うことから始めなければならない。

何千、いや何百万の動物種が未発見であることはまちがいのないところだ。熱帯雨林と深海は、生命でみちた生態系だが、これまでの科学的な探索は、ほんの表面をひっかいたくらいだ。しかし、新しい一種を、あるいは千の新種を発見したとしても、動物の生物学特質についての私たちの理解を根本的に変えることにはならない。そうではなく、別の面で意義あることとなるだろう。たとえば、ある生態系の中のすべての種について知ることができれば、栄養の循環、エネルギーの流れを理解することに役立つだろう。そのような知見は大変に重要だ。しかし、新しく発見される種は、既知の種に近縁（あるいは関係がある）だろうし、もし私たちが地球上の動物すべての多様性のパターンを理解したいと願った場合でも、そうした知見は鍵とはならないと考えられる。それは、詳細な事実を加えることにはなれ、私たちの現在の知識の状態を根本的に変革する力にはならないだろう。

より高次の分類レベルとなると話は別だ。動物の分類の最も基礎的な区分は、もちろん門だ。再びヴァレンティンの言を借りると、「動物門は、形態学に基づいた生命の樹の枝」だ。したがって、新しい門の発見は、私たちの知識のあり方を変えることになる。それは動物の進化の樹に新しい一枝を加えるだけではない。さらに重要なことは、新しい形態学的な特質、新しい体づくりの仕方がわかることだ。新しい枝と新しい形態学の二つを合わせると、進化で生じた基本的な特質（対称性、分節性、集中神経系など）が、いつ、なぜ、そしてどのように生じたかについて、私たちの見方が変わりうる。だが、発見されるべき門はまだ残っているのだろうか。

本書では三十三の動物門を認めた。これらの多くは、ずっと以前から知られているものだ。二〇世紀も二十年を残すころには、すべての動物門はすでに発見済みだと、多くの動物学者は考えていたにちがいない。するとサプライズが一九八三年に起こった。その年、デンマークの動物学者、ラインハルト・クリステンセンが新種を記載したのだ。それは既知の動物のどれとも似ていないため、全く新しい門が必要だった。彼はその門を胴甲動物門と名づけた。胴甲動物は、小さく、通常は体長一ミリメートル以下で、壺またはアイスクリームのコーンのような形をして、砂粒にくっついている。一九七〇年代に、数名の動物学者がこの動物に気づいており、その一人、ロバート・ヒギンズにちなんで、いまでは胴甲動物の遊泳幼生は、ヒギンズ幼生と名づけられている。しかし、最も驚くべきことは、新しい門は、出かけるのが困難な世界の果てで発見されたのではなく、フランスのロスコフの沿岸で発見されたということだ。ロスコフは、海洋生物学の研究が盛んに行われている研究所のある場所なのだ。

次に新発見されたのは有輪動物だが、これも単に見過ごされていたのだった。有輪動物は小さな寄生性の動物で、スカンピ（アカザエビ）やロブスターの口にすみついている。宿主は食材としてありふれた種なので、その口にいるしょうもない奴が動物学的にどれくらい興味深いものであるのか全く知らないままに、何千もの人が有輪動物を無駄に消費してきたにちがいない。驚くべきことに、今度もまたクリステンセンだった。この動物に初めて気づいたのはトム・フェンチェルだが、その後一九九五年に、クリステンセンは、ペーター・ファンクとともに、有輪動物門を記載したのだ。

第三の新規ボディプランは二〇〇〇年に報告されているが、このときは本当に遠い、科学者もほとんど行かない場所からだった。それは、またしてもクリステンセンが学生を連れてグリーンランド沿岸沖合のディスコ諸島に行ったときに発見された。学生たちが、冷たい淡水の泉にすむ、見慣れない顕微鏡レベルの動物を見つけたのだ。それは、ほんの十分の一から八分の一ミリメートルの体長で、口から突き出すことのできる複雑な顎をもっていた。その解剖学的構造は、どの動物のものとも違っていたので、少なくとも新しい綱、あるいは門が必要だと考えられた。結局その動物は、顎をもった小さな動物を意味する微顎動物と名づけられた。

では、なお新しい門が発見されることはあるのだろうか。そう、大いにありうる。右に述べた三つの例はすべて、体長が一ミリメートル以下の小さな動物だ。すると、将来同様な発見があるとしたら、顕微鏡レベルの動物相の中だろう。発見が有望なのは、おそらく砂粒の間にすむ水底の微小動物（メイオファウナ）の中だ。胴甲動物が発見されたのがフランスの沿岸だったことから、そのような発見は世界中のどこでもありうるが、それでも、遠く離れた深海の生息環境が最も有望だろう。しかし、もし本当に新しい門の動物を記載したいのなら、新しい種を追い求めることから始めるべきではない。新しい門は、古いもののなかに十分にありうるからだ。

古い門から新しい門ができる?

逆説的に聞こえるかもしれないが、以前に記載された種についてより詳細な研究が行われるようになったために、既知の動物門のリストには多くの変更(新しい門の発見、古くからある門どうしの合併)が加えられるようになった。門は、一つの進化の枝に由来する動物からなるはずだ。したがって、もし新しいデータにより、見かけは互いによく似た種が、進化の樹の異なった場所に由来することが示された場合には、当然その門は二つに分けられるべきだ。他の選択肢はない。一九九〇年代以降、特にDNAの塩基配列データが、動物間の進化的関係を決めるのに使われるようになって、そのようなことが数回起こっている。DNAの塩基配列データが、明らかなまちがい(ある種が系統樹のなかで違った場所にある)を明示しているなら、クラス分けは変えなければならない。昔から知られた種についても、新しい門はつくられうるのだ。

現在最も重要だが、なお論議のあるケースは、変わった二グループのムシ、無腸動物と珍渦虫動物だ。どちらについても、よく知れわたった種も、ふつうにみられる種もないが、専門家には古くから知られていた。したがって、新しくない種だが、一つないし二つの新しい門に値するかもしれない。無腸動物は、小さな海産のヒラムシのような生き物で、体長は通常数ミリメートルだ。見つけるのが最も容易な種は、体内にすむ藻類のため輝かしい緑色をしていて美しい「ミントソースムシ *Symsagittifera roscoffensis*」だ。このムシは、ヨーロッパ各地の砂地の海岸、特にフランスのロスコフ近くの海岸に生息している。そこでは、小さな水たまりの中に緑色っぽい泥のような斑点として見いだされる。その緑色っぽい泥にそっと忍び寄ってみると、それは瞬く間に消えてしまうだろう。それは、何千もの緑色をしたムシからなる「生きた泥」なのだ。彼らは刺激を受けるとすぐに砂の中に這入る。こうしたムシ、そして同じようなムシの多くは、従来、真のヒラムシ、吸虫、条虫と一緒に、扁形動物門に入れられてきた。その変わった解剖学的特徴に注意すべきだと、常に異議を唱える声はあったが、ミントソースムシとその同族は扁形動物門に入れられたままだった。遺伝子の配列を比べるようになって初めて、彼らはヒラムシ、吸虫、条虫とは全く近縁ではないということがはっきりとわかった。そこで新しい門が提唱されたのだ。

珍渦虫動物についても同じような話があった。この動物は、無腸動物より大きく、スウェーデンのフィヨルドで発見された最初の種 *Xenoturbella bocki* は、体長が数センチメートルだった。最近、さらに大きい種が太平洋で発見されている。この動物もまた、平たいムシで、見目がよいものでもない。盲管状の腸以外には器官らしいものは何ももたない単純な黄褐色の動物だ。この動物もまた扁形動物だとほとんどの動物学者が考えていた。棘皮動物あるいは半索動物と近縁だと主張する人も何名かはいたのだけれど。初期のＤＮＡの塩基配列の解析結果に基づいた考え方では、*Xenoturbella* は軟体動物だったが、これは後に不運なまちがいだとわかった。*Xenoturbella* の細胞からではなく、*Xenoturbella* の最後の食物からＤＮＡを抽出してしまったことによる誤りだった。ちゃんと *Xenoturbella* のＤＮＡを抽出して、多くの遺伝子の配列を解析してみると、*Xenoturbella* は扁形動物ではなく、また軟体動物でも、棘皮動物、半索動物でもなく、さらに他のどの動物グループとははっきりと違うことがわかった。そこで二〇〇六年に新しい動物門が提唱されたのだ。

可能性としては、さらにいくつかの動物門が、系統樹のまちがった場所に位置づけられる、あるいは実はすでにわかっている動物の一員だとわかることはありうる。すると、どこをみればいいのだろうか。何十という変わった無脊椎動物がいる。これらの動物は、それぞれに近縁だと考えられているものといくつかの特質を共有するだけだ。動物学者に突きつけられた問題は、これらの動物のうちのどれが、ある動物門のなかで単に標準から外れたメンバー（それは進化によってボディプランが少し変わっている）なのかを決めること、そして、どれが何十年にもわたって動物学者を欺いてきた動物かを決めることだ。たとえば、デンマークのカトリン・ウォルソーは変わった海産のムシ *Diurodrilus* に注目している。そのムシは、現在は環形動物と考えられているが、環形動物の特徴をほとんどもっていないし、分節性さえも失っているようだ。*Lobatocerebrum* も同じようなケースだ。このムシは環形動物と扁形動物の特徴をあわせもっている。吸口虫類は、ウミユリに寄生する変わった環形動物のような生物だが、これも問題の動物だ。これらの動物のどれかは、新しい動物門になるのかもしれない。

もう一つ別の奇妙な動物、そして地球上でおそらく最も奇妙な動物は、*Polypodium hydriforme* だろう。この小さな動物は、一生の大部分をキャビアとしてよく知られているチョウザメの卵の中、本当に卵の内側で過ごす。そして卵から出てくるときには、顕微鏡レベルのクラゲが群をなして現れるのだ。それは、確かにクラゲに近縁で、刺胞動物門のメンバーかもしれないが、もしそうだとすると、まちがいなく特殊なものだ。それは、イトクダムシに近縁かもしれない。イトクダムシは、奇妙な寄生動物で、明瞭な前後、背腹、左右がなく、中枢神経系ももたない。二つの動物のいずれも、刺胞動物の刺胞のような構造をもっている。分子的解析によって、イトクダムシは、まちがいなく刺胞動物に属すことが示されている。このことは、この動物が以前に属するとされていた動物門ミクソゾアは、刺胞動物門のなかに吸収されるべきだということを意味している。したがって、新しいデータによって新しい門ができる一方で、動物のリストから動物門が削除されるということもありうるのだ。

これからの展望――動物の進化・系統・多様性

こうした変わった動物が独自の動物門に入るかどうかが、なぜ問題になるのだろうか。その鍵となる理由は、ある特定のボディプラン、あるいはユニークな形態を、動物の生命の系統樹上にのせようとするなら、必然的に、進化の筋道に対する私たちの見方が変わるためだ。珍渦虫動物門と無腸動物門について考えてみよう。これらのグループのどちらの動物も、左右相称だが体の中心線に中枢神経索がない。このことはもちろん、大多数の左右相称動物の状況（脱皮動物、冠輪動物、そして新口動物は、ほとんどの場合、主神経索をもっている）とは異なっている。もし、集中化した神経索が左右相称動物に共通する特徴だとすれば、これらの二つの新動物門は動物の進化の樹の中のごく初期の枝に由来するだろう。珍渦虫動物門と無腸動物門は、あるいは二つのうちの一つだけは、脱皮動物、冠輪動物、そして新口動物が分岐するより前に（しかし、刺胞動物が分岐した後に）おそらく枝分かれした。もしそうなら、彼らは、主神経索がまだ進化していない最初期の左右相称動物の体は、どのように働くことができたのか、というたまらなく興味深い問題に対する答をちらりとみせていることになる。最初に行われた分子の解析からは、少なくとも無腸動物については、まさにこの推察が正しいことが結論されている。ただし、この結論にはなお異論もある。別途行われた分子の解析研究によれば、珍渦虫動物と無腸動物は、棘皮動物、半索動物、そして脊索動物とともに、新口動物のなかに入れられている。もしこれが正しければ、なぜ彼らは主神経索をもっていないのだろうか。進化の過程で、神経系を体のまわりに広げて失ったのだろうか。それとも、私たちの左右相称動物の共通祖先についての見方はまちがっているのだろうか。こうした問題提起はとても重要だが、それは「珍渦虫動物と無腸動物は、生命の樹のどこに位置するのか」を正確に突き止めることに完全に依存する。それは、多くの分子についてのデータをもってしても、驚くほど困難なことだとわかってきたのだけれど。

この不一致があるため、私たちは現在の動物界の系統樹を信ずるべきかどうか、ということになる。新しい系統樹には、進化の初期に、左右相称動物に至る枝から分岐したいくつかの非左右相称動物の系譜（海綿動物門、板形動物門、有櫛《ゆうしつ》動物門、刺胞動物門）がある。ついで左右相称動物の枝は、三つの動物上門である脱皮動物、冠輪動物、そして新口動物に分かれる。このシナリオについて、私たちはどれくらい確かだと考えられるのだろうか。進化的関係性についての仮説は、この

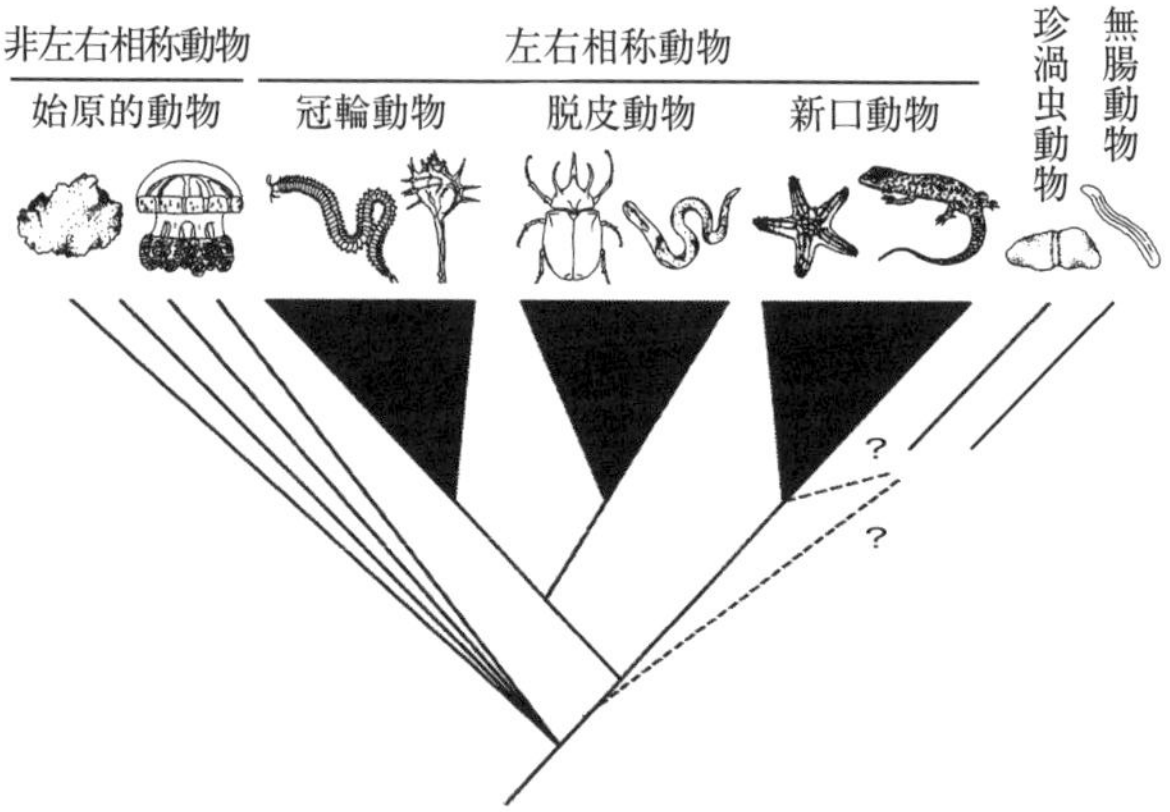

動物界の系統樹．珍渦虫動物門と無腸動物門の位置について複数の仮説が示してある．

一世紀の間に劇的な変化を遂げた。すると、再び変わるだろうか。私は変わらないと思う。そうではなくて、いまこそ新しい系統樹の少なくともその概要は信頼すべきだと考える。新しい系統樹は、ほとんど全面的に、すべての動物に見いだされる遺伝子群のＤＮＡ配列の比較に基づいている。しかも、初期の分子による系統樹が一つあるいは数個の遺伝子の解析から構築されたのに対し、新しい系統樹の基本的な枠組は、種当たり百以上の遺伝子について大量解析された結果によって裏づけられている。ＤＮＡの配列は、過去の歴史についての「鉱床」を提供してくれる。それは解析するのが簡単ではないかもしれないが、こうした問題に、これまでに適用されたなかで、最も確固として内部整合性があるデータを提供してきたのだ。確かに、無腸動物のようないくつかの動物については、分子のデータを用いても位置づけは容易ではない、という場合はある。だが、少なくとも新しい系統樹では、そうした動物を位置づけないままにおく、あるいは議論の余地を残して位置づけるのであって、最も都合のいい場所に押込むわけではない。

動物学の歴史のなかで、私たちはいま初めて確固とした多様な動物の進化の系統樹を手にした、そういう時代に私たちはいると私は信じている。しかし、私たちが忘れてならないのは、この系統樹は生物学の研究のほんの出発点なのだということ。系統樹そのものは理解を提供してくれるわけではない。系統樹が提供してくれるのは、私たちが生物学のデータを注意深く厳密に解釈できるような枠組なのだ。従来、系統樹の構築に用いられた形態学的研究は、現在、かつてなかったほど重要になっている。形態学的研究を、独立してつくられた系統樹に照らして解釈することができるからだ。私たちは、確固たる系統樹という枠組を手にして初めて、動物種間の解剖、生理、行動、生態、発生について意味のある比較をすることができ、動物界の進化のパターンと生物学的なプロセスについて洞察が得られるのだ。

（つづき）

動物上門[†1]	動物門	動物の例[†2]
脱皮動物	節足動物 Arthropoda	昆虫，クモ，カニ，ムカデ
	有爪動物 Onychophora	カギムシ
	緩歩動物 Tardigrada	クマムシ
	線形動物 Nematoda	回虫，線虫
	類線形動物 Nematomorpha	ハリガネムシ
	動吻動物 Kinorhyncha	トゲカワムシ
	鰓曳動物 Priapulida	エラヒキムシ
	胴甲動物 Loricifera	*Pliciloricus dubius*
新口動物	棘皮動物 Echinodermata	ヒトデ，ウニ，ナマコ
	半索動物 Hemichordata	ギボシムシ
	脊索動物 Chordata	ナメクジウオ，ホヤ，魚，人
不　明	毛顎動物 Chaetognatha[†3]	ヤムシ
	無腸動物 Acoelomorpha	*Symsagittifera roscoffensis*
	珍渦虫動物 Xenoturbellida	*Xenoturbella bocki*
	直泳動物 Orthonectida	*Rhopalura ophiocomae*

†1　動物の系統樹は，本文 140 ページを参照のこと．
†2　動物の名称は，よく知られているものの和名または俗名をあげている．英語綴りのものは，和名で知られる種がなく，ある 1 種の学名をあげている．
†3　冠輪動物/脱皮動物のいずれか（未確定）．

本書に登場する33の動物門

動物上門[†1]	動物門	動物の例[†2]
始原的動物	板形動物 Placozoa	センモウヒラムシ
	海綿動物 Porifera	カイメン
	刺胞動物 Cnidaria	クラゲ，サンゴ，イソギンチャク
	有櫛動物 Ctenophora	クシクラゲ
冠輪動物	環形動物 Annelida	ミミズ，ゴカイ，ヒル
	軟体動物 Mollusca	巻貝，イカ，タコ
	紐形動物 Nemertea	ヒモムシ
	腕足動物 Brachiopoda	シャミセンガイ
	箒虫動物 Phoronida	ホウキムシ
	外肛動物 Bryozoa	コケムシ
	内肛動物 Entoprocta	スズコケムシ
	扁形動物 Platyhelminthes	プラナリア，ヒラムシ
	菱形動物 Dicyemida	ニハイチュウ
	輪形動物 Rotifera	ワムシ
	腹毛動物 Gastrotricha	イタチムシ
	顎口動物 Gnathostomulida	*Haplognathia belizensis*
	微顎動物 Micrognathozoa	リムノグナシア
	有輪動物 Cycliophora	*Symbion pandora*

本書で引用した著作の原題

p.1　Gilbert & Sullivan, "The Pirates of Penzance", (1879). 喜歌劇

p.10　Stephen Jay Gould, "Wonderful Life", W. W. Norton (1989). [“ワンダフル・ライフ”，渡辺政隆訳，早川書房（1993）.]

p.17　Charles Darwin, "Letter to T. H. Huxley" (1857).

p.18, 53　Charles Darwin, "The Origin of Species", John Murray (1859). [“種の起原”，八杉龍一訳，岩波書店（1963）.]

p.28　Alfred Russel Wallace, "The Malay Archipelago", Macmillan (1869). [“マレー諸島”，宮田 彬訳，思索社（1991）.]

p.42　Edward Linley Sambourne, 'Man is but a worm' in "Punch Magazine" (1881). 風刺画

p.44　William Bateson, "Materials for the Study of Variation", Macmillan (1894).

p.53　Charles Darwin, "The Formation of Vegetable Mould through the Action of Worms with Observations on their Habits", John Murray (1881). [“ミミズと土”，渡辺弘之訳，平凡社（1994）.]

p.66　Robert May, 'Biological diversity: How many species are there?', *Nature* **324**, 514 (1986).

p.73, 93　Charles Darwin, "The Descent of Man", John Murray (1871). [“人間の進化と性淘汰”，長谷川真理子訳，文一総合出版（1999）.]

p.83　Libbie Hyman, "The Invertebrates Ⅳ", McGraw-Hill (1955).

p.98　Isaak Walton, "The Compleat Angler" (1653). [“釣魚大全”，森 秀人訳，角川書店（1974）.]

p.98　Jean-Baptiste Lamarck, "Système des animaux sans vertèbres", Chez l' auteur au Muséum d'Hist (1801).

p.110　Homer, "Iliad". [“イリアス”，松平千秋訳，岩波書店（1992）.]

p.115　William Shakespeare, "Macbeth". [“マクベス”，福田恒存訳，新潮社（1969）.]

p.115　E. I. White, "The Illustrated London News" (1939).

[ここに示した翻訳書の書名は，本文中の書名と必ずしも一致しない.]

もっと深く知りたい読者に

参考図書

1章　L. W. Buss, "The Evolution of Individuality", Princeton University Press, Princeton (1987).

2章　A. L. Panchen, "Classification, Evolution and the Nature of Biology", Cambridge University Press, Cambridge (1992).

J. A. Valentine, "On the Origin of Phyla", University of Chicago Press, Chicago (2004).

3章　"Animal Evolution-Genomes, Fossils and Trees", ed. by M. J. Telford and D. T. J. Littlewood, Oxford University Press, Oxford (2009).

4章　R. Dawkins, "The Ancestor's Tale", Houghton Mifflin, Boston (2004).

5章　R. A. Raff, "The Shape of Life: Genes, Development, and the Evolution of Animal Form", University of Chicago Press, Chicago (1996).

S. B. Carroll, "Endless Forms Most Beautiful: The New Science of Evo Devo and the Making of the Animal Kingdom", W. W. Norton, New York (2005).

6章　R. B. Clark, "Dynamics in Metazoan Evolution: The Origin of the Coelom and Segments", Clarendon Press, Oxford (1964).

J. A. Pechenik, "Biology of the Invertebrates", 3rd ed., McGraw-Hill, New York (2009).

7章　D. Grimaldi and M. Engel, "Evolution of the Insects", Cambridge University Press, Cambridge (2005).

8章　H. Gee, "Before the Backbone", Chapman & Hall, London (1996). [“脊椎動物の起源”，藤沢弘介訳，培風館（2001）.]

9章　J. A. Long, "The Rise of Fishes", Johns Hopkins University Press, Baltimore (2010).

10章　F. H. Pough, C. M. Janis, and J. B. Heiser, "Vertebrate Life", 5th ed., Prentice Hall, New Jersey (1999).

ま〜わ

さ～ね

は　行

索　　引

あ　行

か　行

科学のとびら56

動物たちの世界

六億年の進化をたどる

二〇一四年九月一日　第一刷　発行

訳　者　西　駕　秀　俊

発行者　小　澤　美　奈　子

発行所　株式会社　東京化学同人
東京都文京区千石三-三六-七（〒一一二-〇〇一一）
電　話　〇三-三九四六-五三一一
ＦＡＸ　〇三-三九四六-五三一六
URL：http://www.tkd-pbl.com/

印刷・製本　美研プリンティング（株）

ISBN978-4-8079-1296-4